AF401722

EXPOSITION UNIVERSELLE.

SYSTÈME

DE

CLASSIFICATION.

SYSTÈME DE CLASSIFICATION.

Ire DIVISION.—Produits de l'Industrie.

1er GROUPE.—*Industries ayant pour objet principal l'extraction ou la production des matières brutes.*

CLASSE 1.

Art des Mines et Métallurgie.

1re Section. — Statistique et documens généraux.

Cartes géologiques, minéralogiques, métallurgiques, etc.
Plans de topographie superficielle et souterraine.
Dessins et plans en relief.
Collections de minéraux.
Documens manuscrits et imprimés.

2e Section.—Procédés généraux d'exploitation.

Travaux de recherches : sondages, etc.
Exploitation : ouvrages de mines.
Exploitation : matériel de mines.
Extraction.
Epuisement.
Aérage et éclairage.

3e Section —Procédés généraux de métallurgie.

Préparation mécanique des minerais.
Préparation et carbonisation des combustibles.
Préparation des matériaux réfractaires naturels ou fabriqués.
Traitement par voie sèche : fourneaux, etc. (sauf renvoi à la classe IX).
Traitement par voie humide.
Soufflerie (sauf renvoi à la classe IV).
Cinglage, martelage, laminage, etc.
Opérations mécaniques diverses : fonte, tréfilage, etc. sauf renvoi aux classes VI et XVI).
Procédés généraux de docimasie.

4e Section.—Extraction et préparation des combustibles minéraux.

Anthracites.
Houilles et cokes.
 Houilles anthraciteuses à coke fritté, très abondant.
 Houilles peu gazeuses à coke fondu abondant.
 Houilles gazeuses à coke fondu.
 Houilles très gazeuses à coke fritté, peu abondant.
Lignites et bois bitumineux.
Tourbes naturelles, préparées ou carbonisées.
Combustibles minéraux divers : bitumes, schistes bitumineux, etc.

5ᵉ *Section*.—Fontes et Fers.

Extraction des minerais de fer bruts, et préparation de
 ces minerais par le lavage, le grillage, etc., pour le
 traitement métallurgique.
Conversion directe des minerais en fer forgé.
Conversion des minerais en fonte de fer, et moulage en
 première fusion.
Fabrication des objets moulés en fonte de 2ᵉ fusion.
Conversion de la fonte en fer marchand.
Élaborations pratiquées ordinairement avec la fabrication
 même du métal, dans les grandes usines métallur-
 giques.
 Petits fers fabriqués au marteau.
 Petits fers fabriqués au laminoir.
 Petits fers de fenderie.
 Tôles.
 Fers blancs.
 Fers diversement ouvrés : bandages de roues, corniè-
 res, etc.
 Grosses pièces de forge.
Conversion en acier des fontes et des fers (renvoi à la
 classe XV).
Procédés divers proposés pour le traitement des minerais
 de fer.

6ᵉ *Section*.—Métaux communs (le fer excepté).

Extraction et traitement des minerais de plomb et d'al-
 quifoux.
Extraction et traitement des minerais de zinc.
Extraction et traitement des minerais d'antimoine.
Extraction et traitement des minerais de bismuth.
Extraction et traitement des minerais d'étain.
Extraction et traitement des minerais de cuivre.
Extraction et traitement des minerais de mercure.
Extraction et traitement des minerais de Nickel.

7ᵉ *Section*.—Métaux précieux.

Extraction et traitement des minerais d'argent.
 Minerais mixtes de plomb et d'argent.
 Minerais mixtes de cuivre et d'argent.
 Minerais mixtes de plomb, de cuivre et d'argent.
 Minerais d'argent proprement dits.
Extraction et traitement des minerais de platine.
 Extraction des alliages natifs.
 Traitement métallurgique des alliages natifs pour pla-
 tine, palladium, etc.
Extraction et traitement des minerais d'or.
 Minerais d'alluvion.
 Minerais de filons.
 Traitement des matières auro-argentifères.
 Affinage de l'argent aurifère.

8ᵉ *Section*. — Monnaies et Médailles.

Préparation des métaux et des alliages monétaires.
Préparation des flans.

Application des empreintes.
Essai des monnaies et des objets d'orfèvrerie et de bijouterie.
Collections de monnaies et de médailles (sauf renvoi aux
 classes VIII et XVI).

9e *Section*. — Produits minéraux non métalliques.

Extraction et traitement des minerais de manganèse.
Extraction et traitement des minerais d'arsenic.
Extraction et traitement des minerais de soufre.
Extraction de la couperose et de l'alun.
Extraction de l'acide borique et des borates.
Extraction du sel marin.
 Sel gemme.
 Produits des sources salées et des mines de sel exploi-
  tées par dissolution.
 Produits des marais salans et des laveries de sables.
 Sel extrait de l'eau de mer par congélation.
Extraction de sels minéraux divers : nitrates, soudes, sels
 de baryte, etc.
Extraction des engrais minéraux et des matières minérales
 servant à l'amendement (sauf renvoi à la classe III).
Extraction des matières minérales hydro-carburées.
 Bitumes
 Naphtes et pétroles.
 Gaz naturels.
Extraction et traitement des minerais de cobalt.
Extraction et traitement des minerais de chrôme.
Extraction des couleurs minérales diverses et des matières
 tracantes.
Extraction des matières minérales employées à raison de
 leur dureté.
 Pierres à fusil.
 Meules à moudre.
 Meules artificielles.
 Pierres et meules à aiguiser.
 Matières pour polir : émeri, tripoli, pierres-ponces, etc.
Extraction de matières minérales employées à raison de
 qualités physiques diverses.
 Argiles et sables pour le moulage.
 Terres à foulon.
 Pierres lithographiques, etc.
Extraction des matières premières de la verrerie et de la
 céramique (renvoi à la classe XVIII).
Extraction des matériaux de construction et des matières
 premières de la fabrication des cimens minéraux (ren-
 voi à la classe XIV).
Extraction des matières premières pour la décoration et
 l'ornement, les arts, les sciences, etc. (sauf renvoi aux
 classes XIV et XXIV).
 Porphyres, syénites, granites et autres pierres dures.
 Marbres, albâtres et autres pierres tendres.
 Spath fluor, malachite, lapis lazuli.
 Feldspaths : labrador, pierre des amazones, etc.
 Pyrites, marcassites, etc.
 Jayet, ambre jaune etc.
 Spath d'Islande, tourmalines, quartz, etc., pour l'optique.

Extraction des pierres précieuses.
    Diamans.
    Corindons : rubis, saphirs, topazes et émeraudes orien-
      tales, etc.
    Spinelles, cymophanes, etc.
    Emeraudes : aigues marines, béryls.
    Topazes.
    Grenats.
    Zircons, péridots, cordiérites, etc.
    Turquoises.
    Opales.
    Quartz : améthystes, chrysoprases, calcédoines, etc.

CLASSE II.

Art forestier, Chasse, Pèche et Récoltes de produits obtenus sans culture.

1re Section. — Statistique et documens généraux.

Cartes forestières, hydrographiques, botaniques, zoologiques, et cartes physiques en général.
Collections de produits signalant les richesses naturelles de chaque localité.
Bois et végétaux divers.
Animaux.
Produits divers récoltés sans culture.
Renseignemens et documens divers.

2e Section. — Exploitations forestières.

Echantillons des sols forestiers : humus, sols et sous-sols.
Systèmes généraux d'aménagement, de reboisement; systèmes des futaies, des taillis, de l'émondage, etc.; écobuages; cultures mixtes de végétaux forestiers et de céréales, etc.
Procédés d'exploitation : instrumens, outils, etc.
Procédés spéciaux de transports: transport par glissoirs, flottage, navigation, traînage, charretage, etc, (sauf renvoi aux classes V, XIII et XIV).
Bois de chauffage sous leurs divers états : bûches, cotrets, fagots, etc.
Echantillons des bois employés comme matériaux.
Pour la charpente et les constructions.
Pour la menuiserie.
Pour l'ébénisterie et la tabletterie.
Pour le tour.
Pour le charronage.
Pour les constructions navales.
Pour la tonnellerie et la boissellerie.
Pour divers usages.
Parties de végétaux forestiers employés comme matières premières.
Liéges.
Ecorces textiles.
Produits divers : moelles, feuilles, fruits, etc.
Parties de végétaux forestiers recherchées pour certaines propriétés spéciales.
Matières tannantes.
Matières colorantes.
Matières odorantes.
Matières employées dans la pharmacie.
Matières recherchées pour divers usages.

3e Section. — Industries forestières.

Bois préparés par divers procédés conservateurs.
Préparation de bois ouvrés pour la marine.
Sciage pour planches et madriers.

Préparation des bois de fente et de bois diversement ouvrés : douves, cercles, objets de vannerie et de boissellerie, etc.
Fabrication des charbons de bois, des bois torréfiés et des
ligneux : procédés généraux; produits.
Extraction des cendres, des potasses, etc.
Extraction de produits divers : goudrons, résines, gommes,
sucres, etc.

4e *Section.* — Chasse des animaux terrestres et des amphibies.

Chasse des gibiers.
Armes, pièges et engins, etc. (sauf renvoi à la clase XIII).
Dessins, échantillons montés des gibiers propres à cha-
que pays; œufs d'oiseaux, etc.
Chasse des animaux en vue de l'exploitation et du com-
merce de leurs dépouilles.
Equipemens de chasse, armes, etc. (sauf renvoi à la
classe XIII).
Dessins ou échantillons montés des animaux formant le
but spécial des diverses chasses.
Fourrures et pelleteries.
Cuirs et peaux.
Poils, crins, soies, piquants, etc.
Cornes, dents et ivoire, os, etc.
Ecailles, carapaces, etc.
Dépouilles diverses d'oiseaux : plumes, duvets.
Produits divers du règne animal : castoreum, musc,
cantharides, etc.

5e *Section.* — Pêche.

Pêche des cétacés.
Equipemens et matériel, armes et engins spéciaux, etc.
Huiles de baleine, de cachalot, de dauphin, etc.; sper-
macéti, etc.
Produits divers : fanons de baleine, etc.
Pêche des poissons de mer.
Equipemens et engins divers de la grande et de la pe-
tite pêche.
Dessins et échantillons conservés des poissons propres a
chaque mer et à chaque rivage.
Poissons salés, saurés, séchés, etc., préparés pour le com-
merce.
Pêche des poissons d'eau douce et des embouchures de
fleuves.
Engins et pièges; constructions spéciales établies sur les
fleuves et les rivières, etc.
Dessins ou échantillons conservés des poissons propres
à chaque pays.
Pêche des mollusques.
Equipemens, appareils, engins, etc.
Dessins ou échantillons conservés de mollusques for-
mant l'objet de diverses pêches.
Produits spéciaux des mollusques : perles, nacres, co-
quilles à camées, byssus, sépia, pourpre, etc.
Pêche des zoophytes.

Équipemens, appareils, engins, etc.
Dessins ou échantillons de zoophytes exploités.
Produits de la pêche : corail, éponges, etc.
Industries et procédés ayant pour objet la reproduction,
    l'élevage, l'engrais, la conservation et le transport ra-
    pide des poissons et des mollusques; parcs aux huî-
    tres, etc.

**6e *Section*. — Récoltes des produits obtenus sans
culture.**

Subtances alimentaires.
    Fécules de lichens, d'orchidées, de végétaux divers
    Huiles extraites de végétaux obtenus sans culture.
    Tubercules, racines, oignons et végétaux divers de pro-
        duction spontanée, mangés comme salades, condi-
        mens, etc.
    Champignons, truffes, etc.
    Cucurbitacées de production spontanée.
    Fruits à fécules : châtaignes, glands doux, fruits divers
        de noyers, de noisetiers, de hêtres, de pins, et autres
        espèces forestières.
    Fruits à pépins et à noyaux des espèces forestières.
    Fruits baies : groseilles, fraises; fruits des genres *rubus*,
        vaccinium, etc.
    Sucres divers : d'érable, de palmier, etc.
    Miels divers recueillis sans culture.
    Sèves et liqueurs donnant des boissons sucrées, alcoo-
        liques ou acides.
    Condimens et stimulans divers.
Substances employées pour le vêtement, l'ameublement,
    l'ornement, etc.
    Végétaux herbacés, écorces, etc., fournissant des ma-
        tières textiles.
    Graines et fruits employés comme ornemens.
    Végétaux divers et parties de végétaux employés pour
        l'ameublement, la couverture des habitations, etc.
    Substances savonneuses : racines, baies et écorces em-
        ployées comme savons.
Substances employées pour le chauffage et l'éclairage.
    Végétaux herbacés de tout genre récoltés pour le chauf-
        fage et l'éclairage.
    Excrémens d'animaux employés comme combustibles.
    Huiles extraites de végétaux spontanés.
    Cires végétales extraites de baies sauvages.
    Amadous de toute sorte.
Gommes de toute sorte obtenues sans culture ; gomme
    arabique, gomme de Barbarie, gomme adragante,
    galbanum, élémi, etc.
Résines et baumes de toute sorte obtenus sans culture :
    camphre, benjoin, etc.
Caoutchouc.
Gutta-percha.
Couleurs et matières tinctoriales extraites de végétaux her-
    bacés, de fruits ou de baies, ou formés par diverses
    sécrétions.
Soudes brutes, iodures, et autres produits minéraux ex-
    traits des plantes marines.

Substances diverses employées dans l'économie domesti-
tique, l'industrie, la pharmacie, etc., parfums, simples et médicamens, matières tannantes, matières
premières diverses, etc.

7⁰ *Section*. — Destruction des Animaux nuisibles.

Quadrupèdes, oiseaux et reptiles.
Dessins et échantillons conservés des espèces.
Pièges, armes et engins employés pour leur destruction.
Insectes nuisibles aux forêts, à l'agriculture, aux habita-
tions, aux constructions navales, aux approvisionne-
mens, etc.
Dessins et échantillons des espèces.
Echantillons de leurs dégâts.
Moyens de destruction.

**8ᵉ *Section*. — Acclimatation des espèces utiles de
Plantes et d'Animaux.**

Essais de domestication de mammifères et d'oiseaux é-
trangers.
Pisciculture, acclimatation de poissons étrangers, etc.
Culture des sangsues : procédés de reproduction, d'éleva-
ge, de transport et de conservation (sauf renvoi à la
classe XII).
Essais d'acclimatation d'insectes utiles.
Essais d'acclimatation de végétaux utiles.

CLASSE III.

Agriculture (y compris toutes les cultures de Végétaux et d'Animaux).

1re *Section*. — Statistique et documens généraux.

Cartes agronomiques.
Plans de domaines, système d'assolement, etc.
Collections de terres arables, de sous-sols, etc.
Collections de matières servant aux amendemens et d'en-
grais divers.
  Marnes, faluns, tangues, coquilles marines, lignites
pyriteux, etc.
  Chaux, plâtres, argiles brûlées, cendres de toute
sorte, etc.
  Chaux phosphatées naturelles, os, noir animal, etc.
  Plantes marines et terrestres.
  Guanos, poudrettes, engrais de ferme, résidus des
centres de population, etc.
Engrais liquides, engrais divers.

2e *Section*. — Génie agricole.

Desséchemens : plans d'ouvrages d'art, machines, appa-
reils et instrumens (sauf renvoi à la classe XIV).
Drainage : plans généraux et matériel de toute espèce.
Irrigations : plans, machines et appareils.
Bâtimens d'habitation.
Bâtimens destinés aux animaux : écuries, étables, berge-
ries, porcheries, etc.
Bâtimens destinés aux récoltes : granges, fenils, etc.
Dépendances diverses : laiteries, fromageries, fosses à fu-
mier et à purin, etc.
Puits, pompes, abreuvoirs, etc.
Clôtures de diverses sortes : barrières, portes, etc.
Constructions portatives : bergeries mobiles, etc.

3e *Section*. — Matériel agricole.

Instrumens de culture.
  Charrues, herses, rouleaux, etc.
  Bêches, houes, râteaux, etc.
  Appareils divers employés pour la préparation et le
nettoiement du sol.
  Appareils divers employés pour les semailles, les plan-
tations, la distribution des engrais, etc.
Instrumens de récolte.
  Faux, serpes, faucilles, râteaux, faneuses, etc.
  Machines à faucher et à moissonner, etc.
Appareils préparant les produits sous les formes où ils
sont vendus ou consommés.
  Fléaux, rouleaux de dépiquage, machines à battre et à
égrener, vans, tarares, secoueurs de paille, etc.
  Hache-pailles, concasseurs, coupe-racines, etc.
  Presses, pressoirs, écraseurs, etc.

Appareils pour la conservation des produits.
Systèmes de meules, greniers mobiles, etc.
Appareils de transport.
Hottes, civières, brouettes, etc. (sauf renvoi à la classe V).
Camions, chars, chariots, tombereaux, traîneaux, etc.
(sauf renvoi à la classe V).
Bateaux, barques, radeaux, etc. (sauf renvoi à la classe
XIII).
Moteurs à l'usage des machines agricoles.
Manéges, machines à vapeur locomobiles, etc. (sauf
renvoi à la classe IV).
Meubles, ustensiles et outils divers d'un emploi général
dans les exploitations agricoles.
Systèmes spéciaux de mobilier pour les habitations des
agriculteurs, les écuries, les étables, etc.
Mobilier spécial des laiteries, des fromageries, etc.
Mobilier pour la préparation et la conservation de la
nourriture destinée aux agriculteurs.
Mobilier pour la préparation de la nourriture destinée
aux animaux.
Instrumens et outils spéciaux pour la culture des fruits,
des fleurs, etc.

4e *Section.* — Cultures générales.

Céréales : froment et ses variétes, épautre, seigle, riz, or-
ge, avoine, maïs, sarrazin, millet, etc.
Plantes oléagineuses : colza, navette, caméline, moutar-
de, pavot et ses variétés, sésame, etc.
Légumes et plantes diverses dont les racines, les tiges et
les feuilles sont employées comme alimens.
Légumes farineux : haricots, fèves, pois, vesces, len-
tilles, etc.
Tubercules : pommes de terre, patates, topinambours.
Racines : carottes, navets, panais, raves, radis, scor-
sonnères, etc.
Bulbes épices : oignon, ail, etc.
Herbes aromatiques : houblon, fenouil, persil, etc.
Végétaux à organes foliacés employés comme salade.
Végétaux divers : choux, chicorée, épinards, artichaux,
asperges, etc.
Champignons, truffes, etc.
Cucurbitacées alimentaires : courges, concombres, pastè-
ques, melons, etc.
Plantes tinctoriales ou colorantes.
Garance, indigo, persicaire, pastel, gaude, sumac, etc.
Safran, carthame, etc.
Plantes textiles : lins, chanvres, cotons, etc.
Plantes cultivées pour divers emplois spéciaux.
Tabacs, chardons, etc.
Plantes fourragères.
Végétaux des prairies permanentes, etc. : graminées.
Végétaux des prairies temporaires : luzerne, trèfle,
sainfoin, lupuline, ajonc, genêt, spergule, etc.

5e *Section.* — Cultures spéciales.

Culture des arbres et arbrisseaux en vue des fruits, des
feuilles, etc.

Moyens généraux de culture et de reproduction : semis, plantations, greffes, etc.

Produits principaux de la culture.
Fruits farineux formant l'équivalent partiel des céréales : châtaignes, glands, etc.
Fruits oléagineux : olives, noix, faînes, etc.
Fruits à pépins et à noyaux, fruits baies employés comme alimens ou pour la préparation des boissons fermentées.
Produits divers : feuilles, etc.
Cultures d'arbres, d'arbrisseaux et de plantes pour l'ornement.
Moyens généraux de culture, appareils, instrumens, outils, etc.
Produits de toute sorte, arbres et plantes d'ornement, fleurs.
Cultures de serre : pour les plantes d'ornement et les fleurs exotiques; pour les primeurs de toute sorte, etc.
Essais d'acclimatation des espèces utiles de végétaux (sauf renvoi à la classe II) (1).

6e *Section.*— Elevage des Animaux utiles.

Animaux de trait ou bestiaux de toute sorte.
Procédés généraux de reproduction, d'élevage, d'engrais, etc.
Produits divers extraits des animaux : peaux, cuirs, poils, crins, laines, cornes, etc.
Animaux de basse-cour :
Procédés généraux de reproduction, d'élevage et d'engrais.
Produits divers : poils, plumes, etc.
Insectes utiles.
Procédés généraux d'élevage et de culture, produits divers des vers à soie, des abeilles, de la cochenille, etc.

7e *Section.*—Industries immédiatement liées à l'Agriculture (sauf renvoi aux classes X, XI, etc.)

Laiteries et fromageries.
Ateliers pour la préparation des matières textiles brutes: filasses de lin et de chanvre, laines lavées, etc.
Ateliers pour la préparation des céréales.
Féculeries, distilleries, huileries, etc.

---

(1) Il n'est point dérogé, par les indications précédentes, aux prescriptions de l'art. 13 du Règlement général, qui déclare inadmissibles à l'exposition les plantes à l'état vivant et les matières végétales et animales à l'état frais et susceptibles d'altération.

IIe GROUPE. — *Industries ayant spécialement pour objet l'emploi des forces mécaniques.*

CLASSE IV.

Mécanique générale appliquée à l'industrie.

1re *Section.*—Appareils de Pesage et de Jaugeage employés dans l'industrie.

Balances de commerce :
   Romaines, bascules, machines à peser de toutes sortes.
Jaugeage des eaux :
   Tubes jaugeurs, moulinets, hydromètres.
Jaugeage de l'air :
   Anémomètres, compteurs à gaz.
Manomètres.
Dynamomètres de toutes sortes.

2e *Section.* — Organes de transmission et Pièces détachées.

Pièces détachées d'un emploi général.
   Organes de transmission et supports.
   Appareils de graissage.
Pièces spéciales à l'écoulement et à l'emploi des liquides.
. Pièces spéciales à l'écoulement et à l'emploi des gaz.
Régulateurs.

3e *Section.*—Manéges et autres Appareils pour l'utilisation par machines du Travail développé par les Animaux.

Manéges fixes et portatifs.
Roues à marches et autres appareils.

4e *Section.*—Moulins à vent.

Moulins à axe horizontal.
   Moulins s'orientant seuls, moulins se réglant seuls.
Panémones et autres appareils proposés pour remplacer
   les moulins ordinaires.

5e *Section.*—Moteurs hydrauliques.

Roues à axe horizontal.
   Roues à aubes planes et à aubes courbes, roues à axe
     mobile ; régulateurs spéciaux.
Roues à axe vertical.
   Roues à palettes.
   Turbines.
Machines à colonne d'eau.

6e *Section*.—Machines à vapeur et à gaz.

Chaudières pour la production de la vapeur.
Chaudières à bouilleurs, à foyer intérieur, chaudières à circulation d'eau; chaudières tubulaires ; appareils de surchauffage de la vapeur, appareils d'alimentation et de sûreté.
Machines à vapeur fixes :
Machines verticales, machines horizontales, machines oscillantes, machines rotatives.
Machines portatives, machines locomobiles.
Machines de bateaux.
Machines locomotives (renvoi à la classe V).
Machines à vapeur d'éther, de chloroforme, ou autres liquides volatils; machines à vapeur combinées.
Machines à gaz, machines à air chaud.

7e *Section*. — Machines servant à la manœuvre des Fardeaux.

Poulies, moufles, palans.
Crics, vérins, crics hydrauliques.
Grues fixes et mobiles, sur roues et sur bateaux, sapines, etc.
Treuils et cabestans, roues de carrières.
Grues volantes.

8e *Section*. — Machines hydrauliques, élévatoires et autres.

Ecopes à main ou mécaniques, appareils d'épuisement par bennes et tonneaux.
Norias et chapelets.
Pompes de toutes sortes.
Pompes à usages domestiques, pompes de jardin et d'arrosage.
Grandes pompes pour l'alimentation des villes et des usines.
Pompes à incendie.
Pompes des mines.
Tympans, vis d'Archimède, roues à augets et autres appareils élevant l'eau à de faibles hauteurs.
Béliers hydrauliques.
Machines à force centrifuge, etc.

9e *Section*.—Ventilateurs et souffleries.

Trompes.
Soufflets, ventilateurs et aspirateurs.
Machines soufflantes.
Machines dans lesquelles on utilise l'air dilaté ou comprimé comme moyen d'opérer directement certains mouvemens ou certaines opérations mécaniques.

CLASSE V.

Mécanique spéciale et Matériel des Chemins de fer et des autres modes de transport.

1ᵣₑ *Section.*—Matériel pour le Transport des fardeaux à bras, à dos, ou sur la tête.

Appareils à l'usage d'un seul individu : objets divers pour porter sur la tête, besaces, hottes et crochets, etc.; appareils pour le transport de deux fardeaux équilibrés à l'aide d'un levier, etc.
Appareils à l'usage de deux ou plusieurs individus : civières à bras de toute sorte ; appareils divers pour porter sur les épaules.

2ᵉ *Section.*—Objets de Bourrelerie et de Sellerie.

Objets de quincaillerie et autres, fabriqués spécialement pour la confection des articles de bourrelerie et de sellerie : mors, gourmettes, éperons, étriers, boucles, anneaux, grelots, etc. (sauf renvois aux classes de fabrication).
Bâts de toute sorte.
Cacolets et litières.
Selles.
Brides et harnais pour montures et bêtes de somme.
Brides, harnais, jougs, etc., pour bêtes de trait.
Fouets et cravaches.
Objets de sellerie de luxe.
Objets de sellerie d'apparat.
Sacoches, porte-manteaux et objets divers pour les transports par bêtes de somme.
Malles, valises, sacs, etc., pour les transports par voiture, etc.

3ᵉ *Section.*— Matériaux et appareils de Charronage et de Carrosserie.

Essieux (sauf renvoi à la classe XVI).
Roues, boîtes et bandages.
Systèmes de suspension et ressorts en bois, en cuir, en acier, etc. (sauf renvoi à la classe XV).
Pièces de bois, ouvrage de vannerie, etc., pour trains, coffres, capotes, etc.
Objets de serrurerie et de quincaillerie spéciales (sauf renvoi à la classe XVI).
Cuirs et tissus spéciaux (sauf renvois aux classes de fabrication).
Systèmes d'attelage.
Freins et appareils divers concernant la traction.

4e *Section.* — Charronage.

Civières.
Traîneaux.
Brouettes.
Chariots à bras à deux et à quatre roues.
Haquets et camions.
Charrettes et voitures de roulage.
Voitures à fourrages, etc.
Voitures pour le transport des matières meubles, des sa-
    bles, des immondices, etc.
Tonneaux et autres voitures pour le transport des liquides,
    pour l'arrosage, etc.
Chariots spéciaux pour le transport des grandes pièces de
    bois, des pierres taillées, des statues, des locomotives,
    etc.
Wagons de chemin de fer (renvoi à la 7e section).

5e *Section.* — Carrosserie.

Chaises à porteurs, palanquins, litières, voitures à bras,
    pour enfans, malades, etc.
Traîneaux de luxe.
Voitures mises en mouvement par des manivelles, véloci-
    pèdes, etc.
Voitures publiques.
    Voitures spéciales pour le transport des dépêches.
    Diligences.
    Omnibus.
    Voitures de chemin de fer (renvoi à la 7e section).
Voitures particulières.
    Voitures de voyage.
    Voitures de ville à deux et à quatre roues.
    Voiture de luxe.
    Voitures d'apparat.

6e *Section.* — Matériel des Transports perfectionnés à parcours restreint.

Voies à rails temporaires et chariots appropriés pour les
    ateliers de terrassemens, les mines, etc. (sauf renvois
    aux classes I et XIV).
Petits chemins de fer et chariots appropriés pour le ser-
    vice des usines.
Petits chemins de fer établis sur les routes ordinaires, et
    voitures appropriées à ce genre de voies.
Plans automoteurs.
Matériel de transport par suspension.

7e *Section.* — Matériel des Chemins de fer.

Matériel de la voie.
    Rails et coussinets.
    Changemens de voie, plaques tournantes, etc.
Locomotives.
    Pièces diverses de locomotives.
    Locomotives à grande vitesse.
    Locomotives à vitesse moyenne.

Locomotives à petite vitesse pour traîner des marchan-
   dises.
  Tenders.
Locomotives à tenders et autres.
Machines fixes à câbles pour plans inclinés et plans auto-
   moteurs.
Matériel du système atmosphérique.
Matériel roulant.
   Voitures à voyageurs.
   Wagons à marchandises et à bestiaux.
   Wagons à terrassement, etc.
   Pièces détachées, ressorts, tampons élastiques, coupla-
    ges, freins, etc.
Appareils pour prévenir les chocs, etc.
Appareils et systèmes de signaux.
Machines et appareils pour les approvisionnemens d'eau.
Machines et appareils pour le service des gares, des voya-
   geurs.
Machines et appareils pour le service des gares de mar-
   chandises, grues, etc.
Machines spéciales et matériel des ateliers de réparation
   et de construction.
Tableaux et documens concernant le système d'exploita-
   tion.

8e *Section*. — Matériel des Transports par eau (renvoi
       à la classe XIII).

9e *Section*. — Aérostats.

Mongolfières et ballons.
Appareils proposés pour la navigation aérienne.

CLASSE VI.

Mécanique spéciale et Matériel des Ateliers industriels.

1re Section. — Pièces détachées et machines élémentaires.

Pièces détachées pour la construction des machines de cette classe.
Outils et machines pour écraser, broyer, pulvériser, mélanger, malaxer, etc., scier, etc., polir, etc.
Presse de toutes sortes.

2e Section. — Machines de l'exploitation des Mines.

Appareils de soudage : chèvres et sondes.
Machines d'extraction et d'épuisement.
Appareils de sûreté pour la descente des bennes et des ouvriers.

2e Section. — Machines relatives à l'art des Constructions.

Machines pour la préparation des cimens et des mortiers.
Machines à enfoncer et à extraire les pilotis.
Excavateurs, machines de terrassement et de draguage.

4e Section. — Machines servant au travail des Matières minérales autres que les métaux.

Machines et outils pour la préparation et le travail de toutes espèces de pierres, de marbres, de granites, d'albâtres, etc.
Machines pour la préparation des terres et la fabrication des briques et des tuiles; machines à tuyaux de drainage.
Machines de la verrerie et des arts céramiques.
Machines et outils employés dans le travail des pierres précieuses.

5e Section. — Machines métallurgiques.

Bocards, patouillets, appareils de préparation mécanique.
Machines des forges : marteaux, martinets, presses, laminoirs, fenderies, cisailles, etc.
Machines des fonderies de fer : monte-charges, etc.
Machines métallurgiques employées dans la préparation des métaux autres que le fer.

6e Section. — Matériel des ateliers de constructions mécaniques.

Tours et machines à aléser.
Machines à raboter, à mortaiser.
Machines à percer, à découper.
Machines à tarauder et à fileter.
Machines à river.
Machines spéciales.

7ᵉ *Section*. — Machines servant à la fabrication des petits objets en métal.

Machines de tréfilerie.
Machines de la fabrication des clous, des pointes, des vis, des aiguilles, des épingles, des agrafes, des chaînes métalliques.
Machines spéciales à la fabrication des monnaies et médailles.
Machines spéciales à la fabrication des boutons.
Matériel des ateliers de découpage et d'estampage.

8ᵉ *Section*. — Machines de l'exploitation forestière, ou servant spécialement au travail du Bois.

Scieries fixes et portatives de toutes sortes ; machines à fendre et à débiter le bois.
Machines à plier et à façonner le bois.
Machines à raboter, pour surfaces planes et moulures.
Machines servant au découpage et à la pulvérisation des bois.
Machines et gouges pour travailler le bois sous toutes les formes.

9ᵉ *Section*. — Machines de l'Agriculture et des Industries agricoles et alimentaires.

Machines agricoles de toute nature: pour la préparation de la terre, les semailles, le sarclage, les récoltes, le battage des grains, la préparation des fourrages et des racines, etc.
Machines et appareils employés dans la meunerie et la boulangerie.
Appareils de féculerie.
Pressoirs et matériel de brasseries, distilleries, etc.
Matériel de l'industrie sucrière.
Machines spéciales : machines à chocolat, machines à fabriquer les dragées, etc., etc.

10ᵉ *Section*. — Machines des arts chimiques.

Machines et appareils employés dans la fabrication des produits chimiques.
Machines employées dans la préparation et le travail des peaux et des cuirs.
Machines employées dans la préparation et le travail du caoutchouc, de la gutta-percha, etc.
Machines employées dans la fabrication des papiers.
Machines et appareils divers.

11ᵉ *Section*. — Machines relatives aux arts de la Teinture et de l'Impression.

Matériel des ateliers de papiers peints.
Machines pour l'exécution des impressions en relief, des papiers de fantaisie et de la reliure.
Presses et accessoires pour les impressions typographique, lithographique, en taille-douce, etc.
Appareils spéciaux des fonderies en caractères, de la stéréotypie et de la fabrication des clichés.
Machines à copier les lettres et à régler le papier.

12ᵉ *Section*. — Machines spéciales à certaines industries.

Machines employées dans la fabrication des chaussures.
Machines servant à la sculpture et à la gravure ; tours à guillocher.
Machines et appareils pour le travail de l'ivoire, de la corne, de l'écaille, du papier mâché, etc., etc.

CLASSE VII.

Mécanique spéciale et Matériel des Manufactures de Tissus.

1re *Section.* — Pièces détachées pour la Filature et le Tissage.

Peignes pour le peignage à la main et à la mécanique.
Cardes, rots, semples, etc.
Cannettes, bobines, navettes, etc.
Broches de toutes sortes, cylindres unis et cannelés, etc.
Pièces détachées diverses.

2e *Section.* — Machines pour la préparation et la Filature du Coton.

Egrenage, louvetage ou ouvrage, battage à la main et mécanique, épurage, peignage, cardage.
Etirage et laminage, filage : métier continu, Mull-Jenny ordinaire, renvideur mécanique.
Machines servant à l'apprêt des fils : gommage, déridage, retordage et doublage.

3e *Section.* — Machines pour la préparation et la filature du Lin et du Chanvre.

Macquage, broyage, assouplissage, peignage à la main et peignage mécanique,
Traitement des étoupes, cardage et réunissage.
Etalage, étirage, doublage, laminage.
Filage à sec, à l'eau froide et à l'eau chaude, à la main ou par machines.
Machines spéciales à la fabrication des fils à coudre.

4e *Section.* — Machines pour la préparation et la filature de la Laine.

Lavage, séchage.
Battage, louvetage, graissage.
Peignage à la main, peignage mécanique, préparation et filage de la laine peignée, retordage et doublage.
Cardage et filage de la laine cardée.
Travail et filage de la laine peignée-cardée.
Dégraissage des laines peignées et des fils.
Appareils pour le conditionnement et le numérotage.

5e *Section.* — Machines pour la préparation et la filature de la Soie.

Tirage, moulinage et retordage de la soie.
Décreusage, peignage, cardage, étirage et filage de la bourre de soie.
Appareils pour le conditionnement, le titrage et le numérotage des soies grèges et ouvrées et des autres filamens.

6e *Section*.—Machines de Corderie, de Passementerie, et Machines spéciales.

Matériel des ateliers de corderie : métiers continus et dis-
continus.
Matériel des fabriques de passementerie.
Ourdissoirs ; rouets et mécaniques à dévider ; rouets à
guiper, à doubler, à relever, à retordre, à bouillon et à
cann till ; rouets guimpiers.
Mécaniques et métiers à ganses, lacets, cordonnets,
épaulettes, etc.
Laminoirs, cylindres, mécaniques à râcler.
Machines à défilocher les étoffes et les cordages.
Machines spéciales à la filature du caoutchouc et au re-
couvrement des fils.

7° *Section*.—Tissage à basses lisses et hautes lisses.

Machines préparatoires : bobinage, ourdissage, pliage,
montage, parage, dévidage, etc.
Métiers ordinaires et mécaniques pour les tissus unis, à
une ou deux chaînes, à formes, etc.
Machines préparatoires pour les étoffes façonnées ; mise
en carte, lissage, perçage des cartons, translatage, etc.
Métiers.—Métiers à la Jacquard, plus ou moins modifiés.—
Métiers électriques. — Autres métiers, mécaniques ou
non, propres à faire les façonnés et les brochés, battans brocheurs.
Tissage à hautes lisses.—Métiers à fabriquer les tapis, etc.

**8e *Section*. — Métiers à tisser, à mailles ; Metiers à
faire le filet, à broder, à tresser et à coudre.**

Métiers à bonneterie et tricots; métiers circulaires, métiers
de divers systèmes, à chaîne et autres.
Métiers à tulles et à dentelles.
Métiers à filets.
Métiers et carreaux à broder.
Mécaniques et boisseaux à tresser.
Mécaniques à coudre.

**9e *Section*. — Appareils et Machines pour le blanchi-
ment, la teinture, l'apprêt et le pliage des tissus.**

Travail des tissus de laine :
Foulage, lainage, tondage, pressage, ramage, etc. —
Soufrage.—Ratinage; gaufrage.
Travail des tissus de coton :
Grillage, apprêt dit *écossais*, calandrage, moirage, gau-
frage, séchage, assouplissage, etc.
Travail des autres tissus :
Calandrage, moirage, gaufrage, etc.
Métrage et pliage.

IIIe GROUPE.—*Industries spécialement fondées sur l'emploi des agens physiques et chimiques, ou se rattachant aux sciences et à l'Enseignement.*

CLASSE VIII.

Arts de précision, Industries se rattachant aux Sciences et à l'Enseignement.

1re *Section*. — Poids et Mesures, appareils divers de Mesurage et de Calcul.

Etalons de poids et mesures, documens de toute espèce concernant la comparaison des poids et mesures employés dans chaque pays.

Mesures de longueur : appareils pour l'évaluation exacte des longueurs, verniers, micromètres, etc.

Poids et balances de précision.

Mesures de capacité.

Monnaies.

Tables et documens de toute sorte, offrant des réunions méthodiques de résultats de calcul.

Appareils indiquant, par des procédés graphiques, des résultats de calculs, règles logarithmiques, abaques, etc.

Machines à calculer, compteurs mécaniques de toute nature, etc.

Appareils pour la mesure du temps : clepsydres, sabliers, etc.

2e *Section*. — Objets d'Horlogerie.

Pièces détachées d'horlogerie formant l'objet de grandes fabrications, avec la collection des outils spéciaux qui y sont employés.

Pièces détachées d'horlogerie , présentées comme spécimens de quelques perfectionnemens de l'art : systèmes de compensation, d'échappement, etc.

Horloges de construction économique, employées surtout dans les habitations des ouvriers et des populations rurales.

Horloges et montres fabriquées pour certains marchés spéciaux.

Grandes horloges, destinées aux églises et aux établissemens publics.

Pendules et montres pour les usages ordinaires.

Horlogerie de précision.

Montres de poche de toute sorte, à répétition, à secondes indépendantes, etc.

Chronomètres pour les besoins de la marine.

Chronomètres, horloges et montres, servant aux études astronomiques.

Régulateurs.

Applications diverses de l'horlogerie.

Appareils servant à enregistrer divers phénomènes naturels.

Horloges complexes, indiquant les principaux élémens des cycles solaire et lunaire, le nombre d'or, etc.

Horloges électriques (renvoi à la classe IX).

3e *Section.* — Instrumens d'Optique appliquée, et Appareils de toute sorte employés pour la mesure de l'espace.

Pièces détachées formant l'objet de fabrications spéciales : verres achromatiques, objectifs, cristaux taillés, etc.

Matériel spécial employé pour la fabrication des instrumens de précision, machines à diviser la ligne droit) et le cercle, etc,

Matériel spécial des observations astronomiques ; télescopes avec leurs dépendances, cercles muraux, etc.

Matériel des observations propres à l'art de la navigation : sextans, octans, cercles réflecteurs et répétiteurs, boussoles, sondes, etc.

Instrumens de géodésie et de topographie : théodolites, cercles répétiteurs, signaux géodésiques, appareils pour la mesure des bases, niveaux à bulle d'air, etc.

Instrumens pour les reconnaissances topographiques et les levers rapides : cercles, niveaux et boussoles de poche, lunettes militaires, etc.

Instrumens et appareils de microscopie et de micrométrie.

Instrumens et appareils divers, employés dans l'étude des sciences naturelles : goniomètres, etc.

Instrumens et appareils fondés sur l'emploi de la polarisation et de la diffraction ; applications diverses aux sciences et aux arts.

Instrumens d'arpentage : planchettes, graphomètres, boussoles, niveau d'eau, chaînes et jalons, mires de nivellement, etc.

Instrumens et appareils destinés aux usages ordinaires ; lunettes, lorgons, lorgnettes, longues vues, etc.

Microscopes solaires, chambres noires, lanternes magiques, fantasmagories, etc.

Chambres claires, kaléidoscopes, etc.

4e *Section.* — Instrumens de Physique, de Chimie, de Météorologie, destinés à l'étude des sciences ou appliqués aux usages ordinaires.

Appareils pour la mesure des forces mécaniques : dynamomètres, tachymètres, etc.

Appareils pour la mesure des volumes, des masses et des densités (sauf renvoi à la 5e section), aréomètres, e'c.

Appareils et instrumens pour l'étude des phénomènes physiques se rattachant aux actions moléculaires, à l'acoustique, à la lumière, à la chaleur, à l'électricité, au magnétisme, etc.

Appareils pour la mesure des phénomènes physiques et pour l'observation des phénomènes météorologiques : thermomètres, baromètres, hygromètres, udomètres, etc.

Appareils et instrumens de toute sorte employés dans les laboratoires de chimie.

Appareils pouvant concourir aux progrès des sciences physiques et chimiques et de l'histoire naturelle; matériel de voyages et d'expéditions scientifiques, etc.

Appareils divers : cadrans solaires, méridiens, etc.

5ᵉ *Section*. — Cartes, Modèles et documens d'Astro-
nomie, de Géographie, de Topographie et de Statistique (sauf renvoie à la classe XXVI).

Sphères sidérales et terrestres de toutes sortes.
Cartes et plans en relief.
Planisphères, cartes sidérales, cartes lunaires, etc.
Cartes marines et hydrographiques.
Cartes géographiques.
Cartes topographiques.
Plans topographiques et cadastraux.
Cartes physiques de toutes sortes (sauf renvois aux classes
  I, II et III).
Almanachs.
Ephémérides et tables de toutes sortes à l'usage des astro-
  nomes, des marins, des géographes, etc.
Tables de nivellemens et autres, à l'usage des ingénieurs.
Tables de mortalité et autres documens statistiques d'un
  usage général.

6ᵉ *Section*. — Modèles, Cartes, Ouvrages, Instrumens
et appareils destinés à l'enseignement des sciences,
des lettres et des arts libéraux.

Matériel destiné à l'enseignement de la géométrie, de l'as-
  tronomie, de la géographie, etc.
Matériel destiné à l'enseignement des sciences minéralogiques : collections de minéraux, de roches, de corps
  organisés fossiles ; traités spéciaux ; dessins et modèles de cristaux, etc.
Matériel destiné à l'enseignement de la botanique : her-
  biers, traités spéciaux, systèmes de jardins.
Matériel destiné à l'enseignement de la zoologie : collections d'animaux et préparations zoologiques de toute
  espèce ; systèmes de parcs zoologiques; traités spéciaux, etc.
Matériel destiné à l'enseignement des sciences physiques,
  chimiques et mécaniques, de la chirurgie, de la médecine, de la pharmacie, de l'art vétérinaire, etc.
Matériel pour l'enseignement de l'art des mines, de l'agriculture, des sciences technologiques, etc.
Matériel pour l'enseignement des lettres, des arts libéraux, etc.

7ᵒ *Section*.—Matériel de l'Enseignement élémentaire.

Plans d'ensemble et détails d'établissemens d'instruction :
  mentions spéciales des dispositions ayant pour objet
  de pourvoir aux convenances de salubrité, de pro-
  preté, etc.
Ouvrages et matériel pour l'enseignement de la lecture,
  de l'écriture, du calcul, de la géographie, etc.
Ouvrages et matériel pour l'enseignement du dessin, de la
  musique, etc.
Ouvrages et matériel pour l'enseignement technologique,
  et spécialement pour les travaux de couture et de tri-
  cot, pour l'initiation aux travaux agricoles, etc.
Matériels spéciaux pour l'enseignement des aveugles, des
  sourds-muets, etc.

CLASSE IX.

Industries concernant l'emploi économique de la Chaleur, de la Lumière et de l'Electricité.

1re *Section.* — Procédés ayant pour objet l'emploi des sources naturelles de Chaleur ou de Froid, de Lumière et d'Electricité.

Chaleur centrale et transmise par les sources chaudes, les eaux artésiennes, etc.

Chaleur ou froid du sol employés dans les caves, les puits, les citernes, etc.

Chaleur ou froid de l'air et des eaux superficielles : ventilation par l'air ; exploitation, transport et conservation de la neige et de la glace ; glacières, etc.

Chaleur et lumière solaires :

Système de cloches et de bâches vitrées, de serres, etc. (sauf renvoi à la classe III).

Eclairage des lieux obscurs par transmission ou par réfraction.

Applications diverses, etc.

Électricité et agens météorologiques divers ; procédés ayant pour objet d'employer utilement ces agens, ou d'en conjurer les effets nuisibles : paratonnerres, etc.

2o *Section.* — Procédés ayant pour objet la production initiale du Feu et de la Lumière.

Procédés primitifs fondés sur le frottement, le choc, l'emploi des amadous et des matières équivalentes, des allumettes, etc.

Briquets fondés sur des réactions physiques et chimiques d'une nature complexe : briquets à gaz, etc.

Allumettes et amadous préparés pour l'inflammation instantanée par le frottement.

Combustibles divers recueillis et préparés spécialement pour l'allumage ; pommes de pin, produits résineux, etc.

3e *Section.* — Combustibles spécialement destinés au Chauffage économique.

Combustibles minéraux présentés sous la forme et avec les préparations réclamées pour la consommation : cokes, briquettes de poussier, tourbes comprimées et carbonisées, etc.

Combustibles végétaux préparés pour l'emploi immédiat : bois sciés et fendus, charbons, etc.

Combustibles animaux préparés pour l'emploi immédiat : fientes d'animaux, fumiers, etc.

Matières bitumineuses, résineuses, etc., employées comme combustibles.

Combustibles divers : gaz naturels et artificiels ; éponges métalliques, etc.

3ᵉ *Section.*—Chauffage et Ventilation des Habitations.

Foyers fixes ou mobiles chauffant surtout par le contact
    direct des gaz brûlés.
Cheminées, c'est-à-dire appareils chauffant surtout par le
    rayonnement direct du combustible.
    Cheminées simples.
    Cheminées à foyers mobiles, à rideaux de tirage, etc.
    Cheminées calorifères à bouches de chaleur.
    Cheminées-poêles, etc., etc.
Poêles, c'est-à-dire appareils chauffant surtout par le
    rayonnement de l'enveloppe du foyer.
    Poêles fixes simples.
    Poêles à bouches de chaleur.
    Poêles portatifs.
    Poêles calorifères.
Appareils et ustensiles spéciaux employés dans les foyers,
    les cheminées et les poêles pour provoquer, régler et
    entretenir la combustion, et pour assurer l'évacuation
    de la fumée : soufflets, registres, ventouses, pelles,
    pincettes, ringards, etc.
Calorifères, c'est-à-dire appareils chauffant surtout par
    l'intervention d'un véhicule :
    Calorifères à air chaud.
    Calorifères à vapeur.
    Calorifères à circulation d'eau chaude.
    Calorifères mixtes divers.
Appareils spéciaux ayant pour objet de ventiler et de ra-
    fraîchir les habitations.

5ᵉ *Section.*— Production et emploi de la Chaleur et
              du Froid pour l'économie domesti-
              que.

Fours fixes ou portatifs, à chauffage intérieur ou extérieur
    pour la cuisson des céréales et des diverses prépara-
    tions alimentaires.
Cheminées et fourneaux de cuisine avec leurs dépendan-
    ces.
Appareils spéciaux pour le rôtissage des viandes.
Appareils et procédés divers pour la cuisson des alimens
    par contact de corps chauffés, au bain marie, au gaz,
    etc.; caléfacteurs, etc.
Appareils spéciaux ayant pour objet de combiner la cuis-
    son des alimens avec le chauffage domestique.
Appareils divers de chauffage employés dans l'économie
    domestique.
    Réchauds pour le service de la table.
    Chauffe-pieds.
    Bassinoires, etc.
Appareils ayant pour objet le blanchissage et l'apprêt du
    linge domestique, buanderies, etc.
Appareils et procédés ayant pour objet de rafraîchir l'eau
    et les boissons.
Appareils et procédés ayant pour objet la production ar-
    tificielle de la glace.

6e *Section*.— Production et emploi de la Chaleur et du Froid dans les arts.

Fourneaux et appareils pour l'échauffement, la fusion, la calcination et la sublimation des solides.
Générateurs de vapeur d'eau; bouilleurs, appareils pour la vapeur surchauffée, appareils de sûreté, procédés pour empêcher les incrustations, etc. (sauf renvoi à la classe IV pour les générateurs qui aliment les machines à vapeur).
Appareils pour l'échauffement, la vaporisation et la distillation des liquides : alambics, condensateurs, etc.
Appareils pour le chauffage des gaz et pour le séchage des corps humides, étuves, etc.
Appareils spéciaux pour la production et l'emploi de la chaleur en petites doses : chalumeaux simples et à gaz, éolipyles, lampes à alcool, etc.
Systèmes réfrigérants divers.

7e *Section*. — Eclairage.

Éclairage au moyen des solides.
Bois diversement préparés, résines, goudrons, etc.
Matériel et procédés pour la préparation des corps gras et la fabrication des chandelles, mèches, moules, etc.
Produits éclairants à base de suif, avec ou sans mélange de résine; chandelles, lampions, etc.
Bougies d'acide stéarique; ensemble des procédés de fabrication des bougies, etc.; mèches, moules, etc.
Bougies de blanc de baleine.
Bougies de cires animales ou végétales, cierges, mèches cirées, etc.
Ustensiles divers concernant l'éclairage au moyen des solides; chandeliers, mouchettes, lanternes, réflecteurs, abat-jour, etc.
Éclairage au moyen des liquides.
Matériel et procédés pour la préparation des huiles, des essences, etc., destinées à l'éclairage.
Huiles minérales, végétales et animales, brutes et préparées pour l'éclairage.
Huiles essentielles, minérales et végétales.
Mélanges d'alcool et d'huiles essentielles; compositions diverses de corps éclairants liquides.
Systèmes de lampes ayant pour objet l'éclairage au moyen des liquides.
Lampes brûlant les huiles fixes.
Lampes brûlant les liquides volatils.
Appareils et ustensiles divers concernant l'éclairage au moyen des liquides : cheminées de verre, globes, abat-jour, etc.
Éclairage au moyen des gaz.
Matériel et procédés pour la production et l'épuration des gaz de houille.
Matériel et procédés pour la production et l'épuration des gaz des huiles.
Matériel et procédés pour la production et l'épuration des gaz de résines.

Matériel et procédés pour la production des gaz extraits
de matières diverses, des hydre-carbures, des bois et
charbons, avec réaction de vapeurs d'eau, etc.
Appareils pour l'emmagasinage du gaz d'éclairage; gazomètres et dépendances, etc.
Appareils pour la conduite, la distribution et le transport des gaz, tuyaux, robinets, compteurs, etc.
Appareils relatifs à la consommation des gaz : becs,
cheminées, appareils d'illuminations, etc.

8° *Section*.—Phares, Signaux et Télégraphes aériens.

Systèmes généraux d'établissement des phares(sauf renvo
à la classe).
Éclairage des phares.
Lampes diverses, feux diversement colorés, etc.
Appareils catoptriques.
Appareils dioptriques et catadioptriques.
Machines et appareils pour feux tournants à éclats, à
éclipses, etc.
Systèmes divers de signaux.
Télégraphes de jour.
Télégraphes de nuit.

9e *Section*.— Production et emploi de l'Électricité.

Piles galvaniques.
Eclairages électriques.
Télégraphie électrique.
Systèmes de lignes télégraphiques aériennes, souterrai-
nes et sous-marines.
Appareils divers pour la notation des dépêches : cadrans,
claviers, aiguilles, cylindres, etc.
Application de l'électricité aux besoins domestiques et à la
direction des ateliers industriels : sonnettes électriques,
horloges électriques, etc.
Application de l'électricité au service de correspondance
et de sûreté des chemins de fer.
Moteurs électriques.
Application de l'électricité à la métallurgie.
Procédés généraux pour la dissolution et la précipitation
des métaux.
Moulages galvanoplastiques.
Enduits galvanoplastiques.
Dorure et argenture.

CLASSE X.

Arts chimiques, Teintures et Impressions, industries des Papiers, des Peaux, du Caoutchouc, etc.

1re *Section*. — Produits chimiques.

Appareils et procédés généraux de la fabrication des produits chimiques.
Produits industriels principalement dérivés des substances minérales.
Acides sulfuriques, commun, purifié, fumant.
Soudes artificielles et acide chlorhydrique.
Chlore, hypochlorite de chaux, de soude, etc., chlorate de potasse, etc.
Iode, brôme, iodures et brômures, etc.
Produits nitreux : nitrates, acide nitrique.
Produits divers : sulfure de carbone, etc.
Produits industriels principalement dérivés de substances végétales.
Soudes, potasses et carbonates alcalins.
Acide acétique ou pyroligneux, acétates, goudrons et dérivés du bois.
Acide tartrique et tartrates.
Acide oxalique, oxalates : acides citrique, citrates, etc.
Produits divers : éther, chloroforme, etc.
Produits industriels principalement dérivés de substances animales.
Sel ammoniaque et produits ammoniacaux, noir animal, engrais artificiels, etc.
Cyanures et prussiates.
Phosphore, cendres d'os.
Colles-fortes : colles de poisson et imitations; produits gélatineux pour l'alimentation, le collage, le moulage, etc.
Produits divers.
Produits chimiques divers fabriqués ou purifiés principalement pour les sciences.
Corps simples non métalliques, composés binaires neutres des métalloïdes, métaux alcalins, alcalino-terreux et terreux, métaux rares ou métaux chimiquement purs, oxydes métalliques, acides minéraux, alcalis minéraux, terres alcalines et terres, sels alcalins alcalino-terreux et terreux, sels métalliques, acides organiques, alcalis organiques, sels organiques, alcools, éthers et produits analogues, substances diverses tirées des corps organisés, albumine, etc.

2e *Section*. — Corps gras, Résines, Essences, Savons, Vernis et Enduits divers.

Cires, blancs de baleine, huiles, graisses, acide stéarique, etc., destinés à l'éclairage (sauf renvoi à la classe IX).
Produits cireux divers : cires à modeler, à sceller, etc., encaustiques, enduits cireux.

Huiles siccatives et enduits gras.
  Huiles siccatives lithargirées et autres.
  Toiles dites cirées, taffetas dits gommés, sondes chirur-
    gicales dites de caoutchouc, etc.
Produits gras divers.
  Huiles pour l'horlogerie, etc.
  Graisses pour la mécanique.
  Produits divers.
Savons.
  Appareils et procédés généraux de fabrication : lessives
    alcalines, etc.
  Savons mous et liquides.
  Savons durs, bruts, blancs et marbrés.
  Savons d'huile de palme, de résine et autres.
  Savons fins ou de toilette, durs, transparens, mous, par-
    fumés ou non parfumés.
Articles de parfumerie.
  Procédés généraux de fabrication.
  Cosmétiques et pommades.
  Huiles parfumées.
  Essences parfumées.
  Extraits et eaux de senteur.
  Vinaigres aromatisés.
  Pâtes d'amande et pâtes diverses.
  Poudres et pastilles parfumées.
  Parfums à brûler.
Produits résineux.
  Colophane, essence de térébenthine, poix, etc.
  Cires à boucher.
  Cires à cacheter.
  Produits divers.
Vernis pour la peinture, le bois, les métaux.
  Vernis naturels.
  Vernis à l'alcool.
  Vernis à l'essence.
  Vernis gras.
  Vernis divers, à l'éther, etc.
Goudrons et produits goudronnés : toiles et cordes, etc.
  Cirages pour le cuir.
  Cirages pour équipemens, harnais, souliers, etc.
  Cirages vernis, cirages divers.

3ᵉ *Section*. — Caoutchouc et Gutta-Percha.

Caoutchouc pur.
  Caoutchouc naturel ; objets fabriqués directement avec
    le suc végétal.
  Procédés généraux de purification et d'élaboration du
    caoutchouc brut ; dissolutions.
  Plaques, feuilles, fils.
  Tissus enduits de caoutchouc.
  Objets élastiques ou imperméables fabriqués avec le
    caoutchouc seul ou avec montures métalliques et au-
    tres : tampons et courroies élastiques, rondelles pour
    joints hermétiques, tubes, ballons, appareils de sau-
    vetage, appareils de chimie et de chirurgie, articles
    de vêtemens et de chaussures, etc.

Objets confectionnés avec les tissus enduits de caout-
chouc, courroies, récipiens pour les liquides ou les
gaz, vêtemens imperméables, etc.
Tissus élastiques ; lacets, bretelles, bas, etc.
Caoutchouc sulfuré ou vulcanisé.
Procédés de sulfuration, d'élaboration et de désulfura-
tion, caoutchouc vulcanisé en feuilles et fils.
Objets élastiques ou imperméables fabriqués avec le
caoutchouc vulcanisé (énumération comme pour le
caoutchouc pur).
Élaborations diverses du caoutchouc :
Caoutchouc coloré, feuilles et objets divers.
Peintures et impressions sur caoutchouc.
Caoutchouc durci ou modifié dans ses propriétés par di-
vers procédés : peignes, pièces d'amoublement, d'or-
nement, etc.
Colles, mastics et enduits à base de caoutchouc.
Gutta-Percha :
Procédés généraux de purification et d'élaboration :
plaques, feuilles, dissolutions.
Objets fabriqués avec la gutta-percha : semelles de
chaussures, courroies, récipiens hydrauliques, bateaux
de sauvetage, tuyaux, sondes de chirurgie, pièces
d'ornement, etc.
Enduits de gutta-percha ; fils télégraphiques, etc.
Applications diverses du caoutchouc, de la gutta-percha,
de leurs mélanges et des matières analogues.

4e Section. — Cuirs et peaux.

Procédés généraux pour la conservation, le tannage et les
apprêts divers des cuirs et peaux.
Cuirs forts : peaux de taureau, de bœuf, de vache, de che-
val, de porc, de veau fort, de phoque, etc., tannées,
corroyées et apprêtées, pour semelles, courroies et
cardes, pour articles de carrosserie, de bourrelerie et
de sellerie, pour équipemens militaires, pour chaussures fortes, etc.
Cuirs minces ou peaux tannées : peaux de veau, de chèvre, de mouton, etc., tannées, corroyées, apprêtées ou
teintes, pour chaussures minces, reliures, etc.
Maroquins.
Cuirs vernis, peaux vernies.
Cuirs préparés au caoutchouc (sauf renvoi à la 3e section).
Peaux hongreyées de bœuf, de veau, de mouton, pour
bourrelerie, etc.
Peaux chamoisées de bœuf, de veau, de mouton, etc., apprêtées ou teintes, pour buffleteries, semelles, selles,
guêtres et culottes, registres, gaînes, gants, etc.
Peaux mégissées avec poils, de mouton, de veau, de phoque, apprêtées ou teintes pour la bourrelerie, etc.
Peaux mégissées, épilées, de chevreau, d'agneau, etc., apprêtées ou teintes pour gants, doublures de chaussures, etc., etc.
Peaux de poissons et d'animaux divers préparés pour certains usages particuliers : peaux d'anguilles, de rous-
settes, etc.
Pelleteries de quadrupèdes terrestres ou d'amphibies, d'oiseaux, etc., apprêtées ou teintes pour fourrures.

Parchemins :
  Parchemins apprêtés ou teints pour reliures, etc.
  Peaux d'ânes pour tambours.
  Vélins.
  Peaux avec enduits de céruse et autres.
  Chagrins et produits analogues, peaux de squales, etc.
Articles de boyauderie :
  Cordes à boyaux communes.
  Cordes à boyaux pour instrumens de musique (sauf renvoi à la classe XXVII).
  Nerfs de bœuf, vessies, etc.
  Baudruches pour batteurs d'or, etc.

5° Section. — Papiers et Cartons.

Ecorces et substances diverses employées comme papiers.
Matières premières diverses de la fabrication du papier.
Procédés généraux de fabrication à la main, à la mécanique.
Cartons-pâtes.
Papiers communs, collés ou non collés, gris, bruns, jaunes, bleus, etc., pour emballages, enveloppes, etc.
Papiers gris, blancs, teintés ou colorés, fabriqués pour papiers peints de teinture ou de cartonnage, etc.
Papiers à imprimer blancs, teintés ou colorés dans la pâte.
  Papiers pour l'imprimerie en caractères.
  Papiers pour l'imprimerie en taille-douce, la lithographie, etc.
  Papier à filigranes, c'est-à-dire avec marque dans la pâte, et autres pour papiers-monnaies, papiers de sûreté.
Papiers à dessiner ou à laver blancs, teintés ou colorés dans la pâte.
  Papiers à dessiner.
  Papiers à laver.
  Papiers pour le pastel, papiers-cartons, etc.
Papiers à écrire, blancs, teintés ou colorés dans la pâte.
  Papiers communs à minutes, vergés, vélins, etc.
  Papiers à expédition, vergés, vélins, etc., bruts, lissés, glacés, etc.
  Papiers à lettre, vergés, vélins, bruts, lissés, glacés, etc.
Papiers fabriqués directement pour usage divers.
  Papiers à filtrer et papiers divers non collés.
  Papiers pelures.
  Papier dit de Chine, papier végétal, etc.
  Papiers dit de soie, papiers brouillards, etc.
Cartes et cartons blancs.
  Cartes et cartons à dessiner, à écrire, à imprimer.
  Cartes et cartons pour confections diverses.
Papiers façonnés par application de couleurs ou d'enduits, par impression et estampage (renvoi aux classes XXIV et XXV).
Cartons moulés (renvoi aux classes XXIV et XXV.)

6° Section. — Blanchîment, Teintures, Impressions et Apprêts.

Procédés généraux de blanchîment par les agens atmosphériques, par les alcalis, par le chlore, par le soufre; appareils à lessiver, à flamber, etc.

Spécimens des divers procédés de blanchiment appliqués
aux matières textiles, aux fils, aux tissus, etc.
Procédés généraux de teinture, d'impression et d'apprêt.
Matières tinctoriales organiques : garance, cochenille,
bois de teinture, écorces astringentes, indigos, pas-
tels, etc., (renvoi aux classes II et III).
Extraits colorans : extraits de garance, d'orseille, de bois
de Campêche, etc., préparations d'indigo, de cochenille, etc., cyanures, etc.
Laques préparées pour la teinture et l'impression : de
garance, de cochenille, de quercitron, etc.
Couleurs minérales préparées pour l'impression : bleu
d'outre-mer, de Prusse, de cobalt, vert de Scheele,
chlorure de chrôme, or massif, blancs de plomb et de
zinc, etc. (sauf renvoi à la 7e Section ci-après).
Matières servant à l'épaississement des couleurs ou à
l'apprêt des tissus : gommes, fécules, dextrines, etc.
(sauf renvoi aux classes II et XI).
Matières plastiques utilisées pour la fixation de toute es-
ce de couleurs : résines et préparations résineuses,
préparations de caoutchouc, albumine, gluten, etc.
(sauf renvoi aux 1re, 2e et 3e Sections).
Produits chimiques employés pour la fixation et l'avi-
vage des couleurs : acétates d'alumine, de plomb, etc.;
aluns, sels d'étain, de fer, etc.; chromates, prussiates,
acides, etc., etc. (sauf renvoi à la 1re Section et à la
classe 1re).
Appareils et instrumens pour la teinture, l'impression et
l'apprêt , appareils à chauffer les bains, à dégorger, à
essorer, à imprimer, à sécher, à calendrer, etc. (sauf
renvoi aux classes VII, IX et XXVI).
Spécimens des divers procédés de teintures appliqués aux
matières textiles, aux fils, aux tissus, aux pelleteries,
aux peaux, aux parchemins, etc.
Spécimens des divers procédés d'impression en couleur appliqués aux tissus, aux peaux, etc.
Spécimens des divers procédés d'impressions en couleurs
appliqués aux tissus enduits, aux papiers, etc.
Spécimens des divers procédés d'apprêt appliqués aux
tissus.
Procédés de dégraissage, de nettoiement, etc.

7e *Section.* — Couleurs, Encres et Crayons.

Couleurs brutes minérales métalliques.
Couleurs à base de plomb : céruse, minium , mine
orange, etc.
Couleurs à base de zinc, blanc de zinc ; couleurs diver-
ses, mélanges.
Couleurs à base de fer : ocres, colcotars, bleu de Prusse.
Couleurs à base de cobalt : smalts, couleurs diverses.
Couleurs à base de cuivre : vert de gris, vert de Scheele.
Couleurs à base de mercure : vermillons, etc.
Couleurs de chrôme : jaune de chrôme, couleurs di-
verses.
Couleurs métalliques diverses d'antimoine, de bismuth,
d'étain, de nickel, de cadmium, d'urane, eté.
Couleurs brutes minérales non métalliques.

Couleurs à base d'arsenic : réalgar, orpiment.
Couleurs terreuses : blanc d'Espagne, terre de Sienne, etc.
Couleurs diverses : outre-mer naturel et artificiel, etc.
Couleurs brutes bitumineuses et charbonneuses.
Couleurs bitumineuses : bitumes, terres d'ombre, etc.
Couleurs charbonneuses : noirs de fumée, noirs d'ivoire, etc.
Couleurs brutes végétales.
Indigos et produits dérivés.
Laques de garance et autres.
Couleurs diverses : gomme gutte, vert de vessie, etc.
Couleurs brutes animales.
Carmins de cochenille.
Couleurs diverses : sépias, etc.
Couleurs et produits préparés pour la peinture en bâtimens.
Couleurs, enduits, etc., pour la peinture à l'huile.
Couleurs, enduits, etc., pour la peinture à la détrempe
Couleurs, enduits, etc., pour la peinture à la cire, etc.
Couleurs et produits préparés pour la peinture artistique.
Couleurs et enduits pour la peinture à fresque.
Couleurs et enduits pour la peinture en décors.
Couleurs, toiles, taffetas, panneaux pour la peinture à l'huile.
Couleurs et enduits pour la peinture à la cire.
Couleurs en pains, en pastilles, en écailles, gommes et produits divers préparés pour le lavis, la peinture à l'aquarelle et à la gouache.
Couleurs préparées pour la fabrication des papiers peints (sauf renvoi à la classe XXIV).
Encres noires ou de couleurs diverses préparées pour les impressions typographiques, lithographiques, autographiques, etc., (sauf renvoi à la classe XXVI).
Encres à écrire et à tracer.
Encres noires ou bleues pour usages courans.
Encres de Chine.
Encres colorées diverses.
Encres sympathiques.
Encres à marquer le linge.
Crayons pierreux.
Craies, sanguines, pierre d'Italie, etc.
Crayons lithographiques (sauf renvoi à la classe XXVI).
Crayons noirs pour le dessin et l'estompe.
Crayons de pastel.
Crayons de graphite ou mine de plomb.
Crayons sans bois.
Crayons garnis de bois.

8ᵉ *Section*. — Tabacs, Opiums et Narcotiques divers.

Tabacs.
Cigares.
Tabacs à fumer en carottes.
Tabacs à fumer hachés pour la consommation.
Cigarettes, papiers de tabac, etc.
Tabacs à mâcher.
Tabacs à priser en carottes.
Tabacs à priser en poudre.

Tombekis pour narguileh, etc.
Plantes diverses à fumer : sauges, etc.
Plantes et produits divers à mâcher : bétel, noix d'arec,
    feuilles péruviennes, etc.
Opiums.
    Opiums préparés pour fumer.
    Opiums préparés pour mâcher.
Narcotiques divers : hatchich, etc.

CLASSE XI.

Préparation et conservation des Substances alimentaires.

1re Section. — Farines, Fécules et Produits dérivés
(sauf renvoi à la classe III).

Grains mondés et gruaux de froment, d'orge, de riz, de
maïs, de sarrazin, de millet, d'avoine, etc.
Graines, amandes et fruits divers décortiqués.
Farines de céréales.
Procédés de mouture (sauf renvoi à la classe VI).
Farines et sons de froment, de seigle, d'orge, de riz, etc.
Procédés de conservation des farines.
Farines diverses : de haricots, de féveroles, de pois, de
lentilles, de châtaignes, etc.
Fécules et gluten.
Arrow-roots, sagous, cassaves, tapiocas, saleps, etc.
Amidons et fécules de céréales.
Gluten.
Fécules de pommes de terre, etc.
Dextrine.
Pâtes : semoules, vermicelles, macaronis, etc.
Pains et produits équivalens, produits de la boulangerie
en général.
Procédés de panification des farines de céréales pour
pains avec son, pains bis et pains blancs, pains de
luxe et de fantaisie (sauf renvoi aux classes VI et IX).
Procédés de panification des fécules, du gluten et des
mélanges divers.
Procédés de confection des galettes, couscoussous, kno-
tes, etc.
Biscuits pour la marine et l'armée.
Gâteaux secs divers, pains d'épices, etc.
Pains azymes, etc.
Procédés d'essai des farines, des pains, etc.

2e Section. — Sucres et Matières sucrées de grande
fabrication.

Sucres cristallisables, bruts et terrés.
Procédés pour la conservation des plantes saccharifères,
pour l'extraction, la conservation, la défécation et
l'évaporation des jus, pour la cristallisation du sucre
et la séparation des sirops (sauf renvoi aux classes III,
VI et IX).
Sucres bruts ou terrés, sirops, mélasses et résidus du
traitement de la canne.
Sucres bruts, sirops, mélasses et résidus du traitement
de la betterave.
Sucres bruts concrétés et en sirops, d'érable et de plantes diverses (sauf renvoi à la classe II).
Sucres raffinés extraits des sucres bruts, des mélasses, ou
fabriqués directement.

Procédés de raffinage : clarification des sirops par le
sang, etc., blanchîment des sirops par le noir animal,
revivification du noir, cristalli-ation du sucre et sé-
paration des mélasses (sauf renvoi aux classes VI et
IX).
Procédés de traitement des jus, des sucres bruts et des
mélasses par voie de combinaison chimique.
Sucres raffinés, moulés ou tapés, de toute origine et de
toute qualité.
Mélasses.
Résidus divers du raffinage, engrais, etc.
Sucres candis.
Sucres de raisin, de lait, etc., concrétés ou en sirops.
Miels et matières sucrées diverses.
Sucres de fécule et autres, concrétés ou en sirops.
Appareils et procédés de la saccharimétrie.

3e Section.—Boissons fermentées.

Vins.
Procédés généraux de fabrication et de conservation :
extract on du jus de raisin, fermentation, clarification,
etc.; tonneaux, outres, bouteilles ; procédés de bou-
chage, aménagement des caves (sauf renvoi aux clas-
ses III, VI, IX et XVIII).
Vins rouges.
Vins blancs.
Vins secs naturels.
Vins liquoreux naturels.
Vins mousseux.
Vins cuits.
Imitations diverses de vins naturels.
Produits accessoires de la fabrication : tartres, etc.
Bières.
Procédés généraux de fabrication et de conservation :
préparation du malt, des fermens, des matières aro-
matiques ; brassage, cuisson, etc. ; tonnes, bouteilles,
cruches, etc. ; résidus divers (sauf renvoi aux classes
III, VI, IX et XVIII).
Bières fortes, porter, ale, faro, etc.
Petites bières, quas, etc.
Bières mousseuses.
Cidres, poirés et autres boissons fabriqués avec le jus de
certains fruits.
Boissons fermentées préparées avec les graines, les sucs
végétaux, les matières sucrées, le lait, etc. ; Khoumouis,
Aïrhan, Bouza, Ou-kia-pitsiou, Tchou-hié-tsiou, etc.
Eaux-de-vie, spiritueux divers et alcools.
Procédés généraux de fermentation, de distillation, de
purification, etc.
Spiritueux dérivés du raisin : eaux-de-vie et alcools.
Spiritueux dérivés de la canne à sucre : rhums, tafias, etc.
Spiritueux dérivés de la betterave : alcools de jus de
betterave, alcools de mélasse, etc.
Spiritueux dérivés des fruits et des sucs végétaux sucrés
divers : kirschenwasser, sherry-brandy, arrack, etc.
Spiritueux dérivés des céréales : genièvre, whisky, kao-
liang-tsiou, etc.

Spiritueux dérivés de diverses fécules : eaux-de-vie et
  alcools de pommes de terre, de châtaignes, etc.
Alcools purifiés et rectifiés.
Appareils et procédés de l'alcoométrie.

**4ᵉ Section.—Conserves d'alimens, Alimens fabriqués
et Condimens.**

Alimens conservés par dessiccation, compression, etc.
  Fruits secs sauf renvoi aux classes II et III.
  Légumes secs comprimés, etc. (sauf renvoi à la classe
    III).
  Viandes et poissons séchés, etc.
Alimens fumés et saurés.
  Poissons fumés et saurés : saumon, hareng, etc.
  Viandes fumées : bœuf, jambons, saucissons, etc.
Salaisons : alimens et condimens.
  Procédés de salaison, saumures, etc.
  Poissons salés : morues, sardines, etc.
  Viandes salées : lard, viandes salées pour les marins,
    etc.
  Fruits et produits végétaux conservés par le sel : oli-
    ves, etc.
Vinaigres, conserves et condimens acides.
  Vinaigres de vin.
  Vinaigres de bois.
  Vinaigres aromatisés.
  Légumes, fruits et alimens divers confits dans le vi-
    naigre.
  Moutardes et autres condimens acides.
  Choucroutes et autres produits de la fermentation acide.
Épices préparées.
Alimens conservés dans l'huile ou dans la graisse.
Conserves d'alimens apprêtés, obtenues par soustraction
  du contact de l'air.
  Fruits, légumes, poissons, viandes.
Conserves alimentaires obtenues par divers procédés.
Substances alimentaires fabriquées pour divers usages,
  alimens concentrés.
Imitations d'alimens naturels rares.

**5ᵉ Section.—Alimens préparés avec le cacao, le café,
le thé, etc.**

Chocolats et dérivés du cacao.
  Procédés de fabrication du chocolat (sauf renvoi à la
    classe VI).
  Chocolats de toutes qualités pour l'usage ordinaire.
  Chocolats hygiéniques divers.
  Appareils et procédés pour la préparation culinaire du
    chocolat.
  Produits divers dérivés du cacao.
Fécules d'un usage analogue à celui du chocolat : raca-
  hout, etc.
Cafés.
  Appareils de torréfaction et de mouture.
  Appareils et procédés pour la préparation des infusions
    de café.
  Produits divers dérivés du café.

Imitations de cafés : cafés de chicorée, de glands doux,
etc.
Thés.
Procédés de préparation, de conservation et d'exporta-
tion du thé (sauf renvoi à la classe III).
Appareils et procédés pour la préparation des infusions
de thé.
Imitations du thé et produits d'un usage analogue.

6e *Section.* — Produits de la Confiserie et de la Dis-
tillerie.

Procédés généraux de fabrication.
Fruits confits dans le sucre.
Confitures sèches et conserves de fruits.
Gelées et confitures liquides; raisinés, etc.
Sirops.
Pâtes et gommes sucrées.
Sucres aromatisés non cristallisés ; sucres d'orge, etc.
Pastille de sucre aromatisé.
Dragées et pralines.
Sucreries façonnées au cornet.
Sucreries façonnées par divers procédés.
Sucreries de chocolat.
Fruits à l'eau-de-vie.
Liqueurs spiritueuses.
Eaux aromatisées : eaux de fleurs d'oranger, de menthe,
etc.

7e *Section.* — Appareils et procédés pour la préparation et la consommation des Alimens (sauf renvoi
aux classes VI et IX).

Appareils, ustensiles et procédés de la boucherie et de la
charcuterie (sauf renvoi à la classe XII).
Appareils, procédés et ustensiles de la laiterie (sauf renvoi
à la classe III).
Appareils et ustensiles culinaires.
Cuisine.
Pâtisserie.
Préparation des mets dits d'office ou de dessert.
Préparation des rafraîchissemens : glaces, sorbets, bois-
sons, etc.
Appareils, ustensiles et procédés pour le service de table
et la consommation des alimens.

IVᵉ GROUPE. — *Industries se rattachant spécialement aux professions savantes.*

CLASSE XII.

Hygiène, Pharmacie, Médecine et Chirurgie.

1ʳᵉ *Section*. — Hygiène publique et Salubrité.

Systèmes hygiéniques concernant l'usage général de l'eau.
   Prises d'eau, appareils de filtration, réservoirs.
   Conduites d'eau, appareils de distribution.
   Bains ou lavoirs publics.
Systèmes hygiéniques concernant l'approvisionnement des centres de population.
   Abattoirs : procédés généraux pour l'abatage, la conservation et l'utilisation des produits.
   Halles et marchés : établissement, aménagement, surveillance de la qualité des denrées, etc.
   Appareils et procédés relatifs à la confection, au mesurage et à la conservation des substances alimentaires, etc.
Systèmes hygiéniques concernant l'évacuation des immondices et autres résidus des centres de population.
   Nettoiement de la voie publique, égouts, etc.
   Etablissemens de latrines et vidanges, division, désinfections et transport des matières.
   Etablissement des voieries, désinfection et utilisation des matières.
   Etablissement des ateliers d'équarrissage : abatage, désinfection et utilisation des produits.
Systèmes hygiéniques concernant l'inhumation.
   Constatation de la mort, conservation des corps, embaumemens et sépultures; cimetières, etc.
Systèmes hygiéniques et mesures de sûreté concernant les habitations, les monumens publics, les villes, etc.
   Construction, ventilation, chauffage, éclairage, etc.
   Moyens de préservation contre l'incendie, l'humidité et les autres causes naturelles ou accidentelles de danger, d'insalubrité ou d'incommodité.
Systèmes ayant pour objet de supprimer ou d'atténuer les causes de danger, d'insalubrité ou d'incommodité que peuvent présenter les ateliers industriels.
   Suppression de la fumée, des vapeurs nuisibles, des odeurs, des poussières, du bruit, etc.
   Précautions contre l'incendie, les explosions, les atteintes des machines, etc.
   Appareils ou dispositions ayant pour objet de préserver individuellement les ouvriers des vapeurs nuisibles, des poussières, des liquides corrosifs, des explosions, etc.
   Vêtemens nécessaires dans certaines professions : dans l'armée, dans la marine, l'exploitation des mines, etc.
Systèmes de sauvetage.
   Secours pour les noyés, les asphyxiés, etc.

Secours contre l'incendie ; appareils et inventions de
tout genre qui s'y rapportent.

Bateaux, appareils et secours de tout genre en cas de
naufrage, d'inondation, etc.

Appareils de sauvetage et moyens de secours contre
les accidens qui surviennent dans les mines et dans
les carrières (sauf renvoi à la classe 1re).

Appareils de sauvetage et moyens de secours contre les
accidens qui surviennent dans certains ateliers.

Matériel d'ambulance civil et militaire (sauf renvoi à la
classe XIII).

Etablissemens sanitaires et précautions générales contre
les épidémies : lazarets, moyens généraux de préservation, fumigation des marchandises, etc.

Etablissemens pénitentiaires, considérés au point de vue
hygiénique ; prisons, bagnes, colonies pour les con-
damnés, etc.

2e *Section.*—Hygiène privée.

Ustensiles, instrumens et procédés de toilette (sauf renvoi
aux classes où se fabriquent ces objets). Mention spé-
ciale des moyens ayant un caractère d'invention ou
de perfectionnement.

Vêtemens hygiéniques spéciaux, vêtemens imperméables,
etc.

Ustensiles et appareils ayant pour objet de perfectionner,
au point de vue hygiénique, la préparation des alimens.

Ustensiles et appareils spéciaux pour les enfans : biberons,
hochets, bourrelets, etc.

Appareils divers d'hygiène privée : appareils d'hydrothé-
rapie usuelle, etc.

Appareils et procédés généraux de gymnastique.

3e *Section.* — Emploi hygiénique et médicinal des Eaux, des Vapeurs et des Gaz.

Bains hygiéniques et médicinaux.

Appareils fixes et portatifs de toute nature pour bains
chauds ordinaires ou médicinaux.

Etuves et appareils divers pour bains de vapeur, fumigations, etc.

Appareils hydrothérapiques.

Matériels des bains froids, de mer ou de rivière.

Appareils divers pour bains d'air comprimé ou raréfié,
pour fumigations opérées par les vapeurs sèches et
les gaz, etc.

Eaux minérales naturelles.

Construction et aménagement des établissemens ther-
maux.

Spécimens des diverses eaux minérales, acidules, alcalines, ferrugineuses, salines, sulfureuses ; procédés
d'essai et d'analyse des eaux ; produits divers extraits
de ces mêmes eaux, etc.

Eaux minérales artificielles.

Appareils ou procédés concernant la fabrication, la
conservation, le transport et l'usage des eaux.

Spécimens des eaux artificielles.

Boissons gazeuses.
Appareils et procédés concernant la fabrication, la conservation, le transport et la consommation des boissons.
Spécimens de boissons de toute nature.

4e *Section.*—Pharmacie.

Procédés pharmaceutiques en général.
Matières premières de la pharmacie (sauf renvoi aux classes où se produisent ces mêmes matières).
- Produits naturels ou industriels choisis, émondés ou purifiés pour la préparation des médicamens : spécimens des matières en usage dans chaque contrée.
Médicamens simples.
Poudres minérales, végétales et animales.
Pulpes végétales.
Sucs végétaux et extraits de sucs épaissis ou desséchés.
Huiles fixes : huile de ricin, beurre de cacao, etc.
Huiles essentielles : de menthe, etc.
Extraits mous ou durs obtenus par l'alcool.
Résines extraites par l'alcool, etc.
Médicamens composés.
Espèces : mélanges de végétaux et de parties de végétaux.
Poudres composées et trochisques.
Masses pilulaires : pilules, dragées, capsules, etc.
Saccharolés solides : grains, tablettes, pastilles ; saccharolés mous : pâtes.
Saccharolés liquides ou sirops préparés avec le sucre, le miel, etc.
Hydrolats ou eaux distillées ou aromatisées.
Hydrolés obtenus par solution, décoction, infusion, macération, déplacement, etc.
Vins, bières, vinaigres médicinaux.
Alcoolats ou esprits.
Alcoolés ou teintures de plantes sèches et de plantes fraîches.
Alcoolés acides, ammoniacaux, salins, etc.
Elixirs ou alcools sucrés.
Teintures éthérées.
Huiles médicinales : huiles diverses chargées par digestion de principes médicinaux.
Cérats, pommades et onguens.
Emplâtres.
Sparadraps : tissus et papiers enduits de compositions diverses.
Accessoires de la pharmacie : objets de pansement.
Sangsucs, moyens de conservation (sauf renvoi à la classe II).

5e *Section.* — Médecine et chirurgie.

Appareils et instrumens d'exploration médicale et de petite chirurgie.
Trousses d'instrumens, ventouses, sangsues mécaniques, aiguilles d'acupuncture, etc.
Sthétoscopes, plessimètres, spéculums, etc., procédés d'analyse physique et chimique au lit du malade, etc.

Appareils et instrumens de chirurgie.
Opérations sur la tête en général.
Opérations sur les yeux.
Opérations sur les oreilles.
Opérations sur le nez.
Opérations sur la bouche et les dents.
Opérations sur la poitrine.
Opérations sur l'abdomen.
Opérations sur les membres.
Opérations sur les organes génito-urinaires de l'homme.
Opérations sur les organes génito-urinaires de la femme.
Appareils et procédés pour l'application des agens physiques et chimiques aux usages médicaux et chirurgicaux,
Application de la chaleur et du froid.
Application de l'électricité et du magnétisme.
Moyens de cautérisation.
Moyens anesthésiques, au chloroforme, à l'éther, etc.
Appareils et procédés divers.
Appareils mécaniques plastiques et physiques à usages médicaux et chirurgicaux.
Lits et chaises mécaniques, etc.
Appareils mécaniques d'orthopédie.
Bandages pour les hernies, les varices, etc.
Appareils à l'usage des infirmes : béquilles, souliers spéciaux, jambes de bois, etc.; lunettes, cornets acoustiques, etc.
Appareils de prothèse plastique et mécanique, dents, yeux, nez artificiels, etc., membres artificiels à mouvemens.
Appareils divers : appareils pour l'alimentation forcée, camisoles de force.
Établissemens hospitaliers ; systèmes généraux de construction (sauf renvoi à la classe XIV) matériel de toute espèce.

6e Section. — Anatomie humaine et comparée.

Dissections et autopsies : matériel des amphithéâtres, procédés et instrumens qui s'y rattachent.
Préparation et conservation des pièces anatomiques.
Anatomie microscopique.
Dessin et photographie anatomiques.
Plastique anatomique et anatomo-pathologique.
Préparations zoologiques de toute nature pour l'anatomie comparée et l'histoire naturelle; taxydermie.

7e Section. — Hygiène et médecine vétérinaires.

Établissemens et aménagemens des étables, des écuries, etc.
Alimentation des animaux domestiques.
Procédés généraux de pansage, de tonte, de ferrage, etc.
Procédés généraux d'élevage, de castration, de dressage, etc.
Traitement des maladies : procédés généraux, médicamens, instrumens, etc.
Procédés d'abatage (sauf renvoi à la 1re Section).

CLASSE XIII.

Marine et Art militaire.

1re *Section*. — Élémens principaux du matériel des Constructions navales et de l'art de la Navigation.

Dessins et modèles du matériel des ateliers de construction navale : chantiers, cales, etc.

Mobilier des ateliers de construction navale : appareils de toute sorte pour la préparation et la mise en œuvre des matériaux.

Bois façonnés de toute sorte, métaux ouvrés, goudrons, étoupes, etc. (sauf renvoi aux classes I et II).

Cordes, cordages, lignes à l'usage d e la marine ou pour toute autre destination.

Gréemens et voiles.

Mâts et vergues de toutes sortes, d'une seule pièce ou assemblés.

Ancres, poulies, cabestans, pompes et autres engins et appareils spéciaux.

Pièces détachées de navires à vapeur : roues, hélices, etc.

Mobilier spécial des navires : hamacs, cuisines et ustensiles de toute sorte.

Procédés de doublage, de calfatage et de réparation à la mer.

Pavillons et signaux.

Matériel de toute espèce concernant l'art de la navigation : instrumens, cartes marines, cartes hydrographiques, etc. (sauf renvoi à la classe VIII).

2e *Section*. — Appareils de Natation, de Sauvetage, d'Exploration, etc.

Appareils de natation.

Bateaux et appareils de sauvetage.

Bateaux insubmersibles de toute sorte.

Cloches à plongeurs et appareils relatifs aux travaux d'exploration sous l'eau (sauf renvoi à la classe XIV).

3e *Section*. — Dessins et modèles des systèmes de Constructions navales employés sur les rivières, les canaux et les lacs.

Trains flottans et autres constructions spéciales; radeaux, etc.

Barques, canots et nacelles manœuvrés à la rame.

Bateaux de transport sur fleuves, rivières et canaux pour voyageurs et marchandises.

Systèmes de remorquage.

Bateaux à vapeur.

4e *Section*. — Dessins et Modèles des systèmes de Constructions navales employés pour le commerce et la pêche maritime.

Navires à rames pour la navigation maritime.

Navires à voiles de tous tonnages pour voyageurs ou mar-
chandises.
Navires à vapeur pour voyageurs ou marchandises ; re-
morqueurs.
Navires mixtes, à vapeur et à voiles de toutes sortes.
Navires à vapeur disposés pour la navigation maritime et
la navigation fluviale.
Yachts et navires de plaisance allant à la mer.
Bateaux pêcheurs avec leur matériel de pêche.

5e *Section*. — Dessins et Modèles des systèmes de Construction employés dans la marine militaire.

Navires à voiles de tous rangs et de toutes sortes.
Navires à vapeur à aubes ou à hélices de tous rangs et de
toutes sortes.
Chaloupes canonnières, gardes-côtes, brulôts, bateaux
sous-marins, etc.
Aménagemens spéciaux à la marine militaire: cuisines,
appareils distillatoires, etc.

6e *Section*. — Génie militaire.

Plans et systèmes d'attaque et de défense des forteresses.
Modèles et dessins des fortifications de campagne et des
machines employées pour l'attaque et la défense des
ouvrages fortifiés.
Modèles de places fortifiées et de fortifications perma-
nentes.
Plans en relief et modèles de topographie.
Cartes topographiques et géographiques.

7e *Section*. — Matériel et Equipages de guerre.

Objets de campement: tentes, cantines, lits, cuisines,
fours, etc.
Articles de voyage (sauf renvoi à la classe V).
Voitures et moyens de transport militaires: fourgons, am-
bulances, cacolets, etc.
Matériel et machines pour l'extinction des incendies et le
sauvetage.
Ponts militaires: pontons, radeaux, ponts de bateaux,
ponts suspendus en cordages, etc.

8e *Section*. — Equipement des Troupes.

Habillement et équipement de l'infanterie.
Habillement et équipement de la cavalerie.
Habillement et équipement de la marine militaire.
Selles, harnais et harnachemens pour les montures et les
équipages.

9e *Section*. — Armes et Projectiles.

Matériel des fabriques d'armes et de projectiles.
Armes défensives: boucliers, cuirasses, armures, cas-
ques, etc.
Armes contondantes: massues, casse-têtes, etc.
Armes blanches: sabres, épées, lances, baïonnettes, ha-
ches, etc.

Armes de jet: arc, arbalètes, frondes, etc.
Fusils, mousquets, carabines, pistolets pour armement de
    guerre; balles, etc.
Arquebuserie de chasse et de luxe; poudrières, moules à
    balles, et autres accessoires et outils de chasse (sauf
    renvoi à la classe II).
Canons, obusiers, mortiers, etc.; boulets, obus, bom-
    bes, etc.

10e Section. — Pyrotechnie (sans dérogation aux
    prescriptions des articles 13 et 14 du Règlement
    général.

Matériel des ateliers de pyrotechnie.
Matières premières préparées pour la fabrication des pou-
    dres.
Poudre de guerre, poudre de chasse et poudre de mine.
Pyroxiles, poudres fulminantes et capsules.
Cartouches et accessoires pour armes de tous calibres
Artifices de guerre.
Artifices de réjouissance.

CLASSE XIV.

Constructions civiles.

1re *Section*. — Matériaux de construction.

Pierres, marbres, ardoises présentés soit comme spécimens de carrières, soit sous des formes commerciales appropriées aux différens genres d'emploi dans les arts de construction.

Chaux, cimens, calcaires hydrauliques dans leurs différens états de préparation; chaux hydrauliques artificielles, pouzzolanes, arènes, etc.

Mortiers et bétons, procédés et machines de fabrication (sauf renvoi à la classe VI).

Plâtres, plâtres alunés, plâtres silicatés, stucs.

Poteries employées dans la construction des bâtimens: tuiles, briques, briques creuses, tuyaux, matériaux et carrelage, etc.

Ornemens en terre cuite.

Asphaltes et bitumes naturels et artificiels.

Métaux et bois (sauf renvoi aux classes I et II).

2e *Section*. — Arts divers se rattachant aux Constructions.

Terrassement.
  Outils de terrassiers, pinces, masses, coins, pics, etc.
  Fleurets, barres à main, bourroirs, épinglettes, cuillers, fusées de sûreté, pour le forage et le tirage des trous de mines, etc. (sauf renvoi à la classe Ire).
  Allumage électrique, extraction des rochers sous l'eau, etc.
  Machines servant au terrassement (renvoi à la classe VI).
  Plans et dispositions des grands ateliers de terrassement.
Maçonnerie.
  Outils, instrumens et appareils employés par les maçons tailleurs de pierre.
  Spécimens d'ouvrages, systèmes d'appareils de pierre, etc.
Marbrerie.
  Outils et instrumens employés par les marbriers.
  Marbres débités pour l'emploi.
  Spécimens d'ouvrages : cheminées, consoles, dessus de tables, etc.
Charpenterie.
  Outils de charpentier, échafauds fixes, mobiles et suspendus.
  Systèmes de charpente, combles, cintres, escaliers, etc.
Serrurerie.
  Combles, toitures, planchers, poitrails, supports isolés, etc.
  Fermeture des portes et des fenêtres, vitrages, grillages, devantures de boutique, etc.
Menuiserie.
  Systèmes de portes et croisées, volets et persiennes, etc.
  Parquets, moulures, etc.

Vitrorie et peinture (sauf renvois aux classos X et XVIII).
  Spécimens d'ouvrages : fenêtres, combles vitrés, pan-
    neaux peints présentés comme exemples d'imitations
    de bois, de marbres et d'autres matériaux.
Emploi des asphaltes et des mastics bitumineux.
  Couvertures de terrasses, de murs.
  Dallages en mosaïque.
  Emploi du bitume pour parquets, mosaïques, etc.

3e Section. — Fondations.

Fondations sur béton, sur blocs naturels ou artificiels, sur
    graviers et sable, etc.
Pilotis, batardeaux, caissons.
Machines à battre, à recéper et à extraire les pieux (renvoi
    à la classe VI).
Appareils pneumatiques, tubes et caissons métalliques.
Cloches à plongeurs, bateaux sous-marins, instrumens et
    appareils pour reconnaissances et travaux sous l'eau.

4e Section.—Travaux relatifs à la Navigation maritime.

Plans d'ensemble des rades, ports et bassins.
Phares et signaux.
Défense des rives: épis, travaux et fascines, polders, éclu-
    ses de chasse, etc.
Brise-lames, jetées, estacades.
Quais, bassins, portes de flot.
Cales de construction et bassins de radoub.
Magasins et docks d'entrepôts, docks flottans.

5e Section.—Travaux relatifs à la Navigation intérieure.

Plans et profils de canaux et rivières.
Endiguemens et travaux de defense des rives.
Alimentation : prises d'eau, réservoirs, barrages, seuils
    éclusés.
Ecluses, portes, plans inclinés, appareils et dispositions
    pour l'élévation verticale des bateaux.
Ponts-canaux, etc.
Curage et draguage, des ports, des rivières, des canaux,
    etc.; systèmes et appareils (sauf renvoi à la classe VI).
Passages de rivières, bacs, etc.
Transports par eau, trains de flottage, bacs, etc. (sauf ren-
    voi à la classe II.)
Transports par bateaux (renvoi à la classe XIII).

7e Section.— Routes et Chemins de fer.

Plans et profils de routes; systèmes de construction.
Matériel de construction et d'entretien des chaussées pa-
    vées, empierrées, en bois, en bitume, etc.
Matériel pour le balayage et l'enlèvement des boues, cylin-
    dres compresseurs (sauf renvoi à la classe VI).
Ouvrages accessoires : bancs, fontaines, bornes; poteaux
    indicateurs, etc.
Plans et profils de chemins de fer; systèmes de construc-
    tion.
Etablissement de la voie, traverses, coussinets, rails.

Plaques tournantes, chariots de changement de voie (sauf
renvoi à la classe V).
Changemens et croisemens de voie.
Dessins et modèles des travaux d'art : viaducs, etc.
Gares et stations, remises de machines et de voitures, ma-
gasins et quais de chargement et de déchargement.
Réservoirs d'eau, grues, hydrauliques.
Ouvrages accessoires, passages à niveau, maisons de gar-
des, clôtures, barrières, etc.
Matériel mobile, appareils de sûreté, disques tournans, si-
gnaux de toute espèce, etc. (sauf renvoi à la classe V).

8e *Section*. — Ponts.

Ponts en maçonnerie.
Ponts en charpente et en métal.
Ponts suspendus.
Ponts tournans, flottans, provisoires, etc.
Ponts de bateaux.

9e *Section*.—Distributions d'Eau et de Gaz.

Prises d'eau en rivières.
Recherches et aménagemens des sources, puits.
Puits artésiens et matériel de sondage (sauf renvoi à la
classe Ire).
Machines élévatoires (renvoi à la classe IV).
Aqueducs et tuyaux de conduite et de distribution.
Robinets, robinets vannes, flotteurs, ventouses.
Bornes-fontaines.
Etablissemens des grands appareils de filtrage.
Construction et disposition des égouts, grande et petite
sections, des fosses d'aisances; plans pour l'écoulement
des immondices (sauf renvoi à la classe XII).
Etablissement des conduites de gaz, plans détaillés de la
distribution du gaz dans les villes, syphons purgeurs,
etc. (sauf renvoi à la classe IX).

10e *Section*.—Constructions spéciales.

Plans et modèles de bâtimens publics, nécessaires aux
grands centres de population: marchés, halles, abattoirs, entrepôts, greniers d'abondance, etc. (sauf renvoi à la classe XII).
Plans et modèles d'habitations privées, présentés comme
spécimens d'amélioration de l'art de construction.
Plans et modèles d'habitations spécialement destinées aux
classes ouvrières et présentées comme spécimens des
améliorations à apporter à ce genre de construction,
sous le rapport de la convenance, de la salubrité, de
l'économie, etc. (sauf renvoi à la classe XII).
Plans et modèles de bâtimens et de constructions diverses
présentés comme spécimens des améliorations à apporter dans le matériel de l'industrie minérale, de l'a-
griculture, des grandes manufactures, etc. (sauf renvoi aux classes spéciales consacrées à ces mêmes industries).

Vᵉ GROUPE.—*Manufactures de produits minéraux.*

CLASSE XV.

Industrie des Aciers bruts et ouvrés.

1ʳᵉ *Section*.— Fabrication des aciers marchands.

Aciers naturels obtenus par l'affinage de la fonte aux pe-
    tits foyers à tuyères : bruts, étirés, corroyés ou laminés.
Aciers cémentés : bruts, étirés, corroyés ou laminés.
Aciers fondus bruts, étirés ou laminés.
Tôles d'acier de toute nature.
Fils d'acier de toute nature.
Aciers préparés sous des formes spéciales.

2ᶜ *Section*. — Fabrication d'aciers spéciaux.

Aciers bruts et ouvrés provenant du traitement direct des
    minerais.
Aciers bruts et ouvrés provenant de la décarburation de la
    fonte par cémentation dans les oxides métalliques.
Aciers bruts et ouvrés provenant du puddlage de la fonte.
Aciers bruts et ouvrés dits de Damas, et produits ana-
    logues.
Aciers communs pour broches de filatures, etc.

3ᵉ *Section*.— Ressorts.

Matériel et systèmes de fabrication et d'essai.
Ressorts pour carrosserie ordinaire.
Ressorts pour le matériel des chemins de fer (sauf renvoi
    à la classe V).
Ressorts divers plats, en spirale, en hélice, etc., pour
    l'horlogerie, la mécanique, etc.

4ᵒ *Section*.— Objets de coutellerie.

Matériel des procédés généraux de fabrication.
    Forgeage, travail à la lime, etc.
    Trempe et recuit.
    Emoulage, aiguisage, polissage, etc.
    Montage et assemblage.
Matériel des procédés spéciaux de fabrication caractérisés
    par la substitution totale ou partielle des procédés
    mécaniques au forgeage et au limage, etc.
Couteaux à manches fixes et annexes.
    Couteaux de table et fourchettes.
    Grands couteaux pour la cuisine, la boucherie, etc.
    Couteaux de chasse et de défense.
    Couteaux et canifs à plumes, grattoirs, etc.
    Couteaux pour usages spéciaux divers.
Couteaux et canifs fermans ou de poche, de toutes sortes.
Ciseaux.
    Grands ciseaux pour les arts du tailleur, du coiffeur, etc.
    Ciseaux pour les travaux de couture et de broderie.
    Ciseaux de toilette et autres, à usages spéciaux.

Rasoirs de toute sorte : cuirs à rasoirs, etc.
Instrumens de chirurgie (renvoi à la classe XII).
Objets divers : instrumens de toilette, etc.

5e *Section*. — Outils d'acier.

Matériel des procédés généraux de fabrication principale-
ment fondés sur le travail manuel.
Matériel des procédés spéciaux de fabrication principale-
ment fondés sur l'intervention des moyens mécaniques.
Limes et rapes pour toutes destinations.
Scies pour toutes destinations.
Vrilles et tarières, mèches et forets pour toutes desti-
nations.
Faux et faucilles pour la récolte des fourrages et des
céréales.
Grands ciseaux et tranchans de toute sorte, employés en
agriculture et en horticulture.
Taillanderie d'acier pour usages agricoles, pour terrasse-
mens, etc.
Haches, herminettes, bisaigü s et taillans divers agissant
surtout par le choc.
Rabots, varlopes, ciseaux, gouges, planes et autres tail-
lans spéciaux employés pour le travail du bois.
Burins, ciseaux à froid et autres outils spéciaux employés
pour la gravure, la sculpture, le ciselage, l'horlogerie, et en général pour le travail des métaux.
Tranchets et autres outils spéciaux employés pour le travail du cuir.
Outils divers employés dans certains arts spéciaux.
Outils divers formant des pièces détachées des machines
(sauf renvoi aux classes IV et VII).

6e *Section*. — Fabrications diverses.

Aiguilles.
Plumes à écrire en acier.
Hameçons et engins divers pour la pêche.
Tire-bouchons, crochets d'acier de toute sorte.
Lames de patins.
Planches d'acier préparées pour la gravure.
Marteaux et enclumes (sauf renvoi à la classe XVI).
Coins et poinçons d'acier employés pour la fabrication des
monnaies et médailles, pour donner diverses em-
preintes, etc.
Bijouterie d'acier (renvoi à la classe XVII).
Fleurets et armes blanches (renvoi à la classe XIII).

CLASSE XVI.

Fabrication des ouvrages en Métaux, d'un travail ordinaire.

1re *Section*. — Élaboration des Métaux et des Alliages durs par voie de moulage (sauf renvoi à la classe 1re et aux groupes II à IV).

Procédés de fusion et de moulage : appareils et fourneaux; procédés pour la confection des modèles et des moules en sable, en argile, en métal ; retouche des objets moulés, etc.

Objets en fonte de fer de deuxième fusion : matériaux de construction, pièces de machines, objets destinés aux arts et à l'économie domestique, objets de décoration et d'ornement, bouches à feu et projectiles, etc.

Objets en cuivre rouge : rouleaux pour impressions, etc.

Objets en bronze : bouches à feu et pièces d'arquebuserie, pièces de construction et de mécanique, robinets, objets d'ameublement, statues et statuettes, médailles, etc.

Objets de laiton et maillechort : objets d'ameublement, etc.

Objets ayant pour base divers alliages.

Cloches, battans et pièces annexes (sauf renvoi à la classe XXVII).

Clochettes, sonnettes, grelots, timbres, etc.

Miroirs métalliques.

Alliages pour coussinets, etc.

2e *Section*. — Fabrication des feuilles, des fils, des gros tubes, etc., de Métaux et d'alliages durs.

Procédés de fabrication : fourneaux et appareils pour la fusion, le réchauffage, le recuit, etc.; appareils mécaniques pour le laminage, le martelage, le tréfilage, le tirage, l'emboutissage, etc. (sauf renvoi à la classe VI).

Feuilles et produits divers du laminage.

Tôles de fer (sauf renvoi à la classe Ire).

Cuivres pour doublage de vaisseaux, pour chaudronnerie, pour plaques, etc.

Laitons, maillechort en feuilles.

Feuilles à enduits métalliques.

Fers blancs brillans et ternes.

Fers enduits de zinc, de plomb, etc.

Fils et produits divers du tréfilage et du tirage: fils de fer, de cuivre, de laiton, de maillechort, etc.; fils à enduits divers, etc.; tiges et tringles de toutes formes.

Gros tubes métalliques produits par tirage ou emboutissage, avec ou sans soudure : tubes de fer, de cuivre, de laiton, etc.

3e *Section*. — Chaudronnerie, Tôlerie, Ferblanterie
et Elaborations diverses des feuilles de métaux et
alliages durs.

Procédés de martelage, d'assemblage, de soudage, de mise
en couleur, etc.
Objets et pièces de tôle forte pour les constructions civiles
et navales, etc.
Objets de chaudronnerie industrielle : générateurs simples
et tubulaires, appareils distillatoires, gazomètres, etc.
Objets de tôlerie : tuyaux de poêles, accessoires de foyers,
etc.
Objets dits de fer battu ou de chaudronnerie en fer, fabriqués par martelage, emboutissage, découpage, estampage, etc.: casseroles, poêles, fourchettes, etc.,
noires ou étamées.
Objets de chaudronnerie forte en cuivre, laiton, maillechort, etc., fabriqués par martelage, emboutissage,
découpage, estampage avec soudures en cuivre : bai-
gnoires, chaudrons, casseroles, bouilloires, alambics,
cuillers et fourchettes, etc.
Objets de ferblanterie : casseroles, cafetières, tuyaux, lanternes, etc.
Objets de chaudronnerie mince en cuivre, laiton, maillechort, fabriqués par martelage, emboutissage, découpage, estampage, avec soudure à l'étain, ou façonnés
sur le tour : cafetières, éolipyles, etc.; objets pour les
arts de précision, l'optique, etc.; jouets.
Planches de cuivre pour la gravure.
Laitons et métaux divers estampés pour l'ameublement,
la décoration, l'équipement militaire, etc.

4e *Section*. — Élaborations diverses des fils de métaux et alliages durs,

Câbles métalliques ronds ou plats pour les ponts suspendus,
les mines, etc.
Treillages et tissus métalliques.
Ressorts en hélices pour meubles, sonnettes, etc.
Pointes et clous d'épingles en fer, cuivre, etc.
Épingles noires et blanches, simples ou doubles, agrafes
et portes-agrafes, etc.
Paniers, cloches, cages, masques d'escrime et autres objets
confectionnés avec les treillages et tissus métalliques.

5e *Section*.—Grosse Serrurerie, Ferronnerie, Taillanderie et Clouterie.

Procédés de forgeage et d'élaborations diverses.
Pièce de grosse forge pour la mécanique, la marine : arbres de couche, bielles, ancres, etc. (sauf renvoi aux
classes I, IV à VII, XIII).
Pièces de grosse serrurerie pour combles, planchers, ponts,
châssis de vitrages, portes, fenêtres, grilles, rampes,
etc. (sauf renvoi à la classe XIV).
Pièces de charronage, de carrosserie et de maréchallerie;
essieux, bandages de roues, fers à chevaux, etc. (sauf
renvoi à la classe V).

Câbles-chaînes et chaînes articulées.
Objets de taillanderie.
  Outils d'agriculture: socs de charrue, bêches, pioches, etc.
  Enclumes, étaux, tenailles, etc.
  Outils métalliques de toutes sortes, truelles, etc.
Clous forgés en fer, cuivre, etc.
  Clous à têtes de toutes dimensions.
  Clous à crochets, pattes, pitons, etc.; noirs.
  Clous à crochets, pattes, pitons, etc.; blanchis, dorés, etc.
  Clous à ferrer les chevaux, clous et chevilles pour la
    charpenterie, la marine, etc.
Vis et écrous en fer, cuivre, etc.
  Vis à bois à têtes plates, à tête ronde.
  Clous à crochets et pitons à vis, noirs, blanchis, dorés,
    etc.
  Boulons avec leurs écrous, etc.

6e *Section*. — Petite Serrurerie et Quincaillerie.

Montures de portes, fenêtres, couvercles, tiroirs, etc.
  Gonds et charnières de toutes sortes en fer, cuivre, etc.
  Crochets, loquets, verrous, espagnolettes, becs de canne,
    etc.
  Serrures ordinaires, cadenas, clefs, etc.
Serrures de sûreté, coffres-forts, etc.
Articles pour ameublemens : mouvemens de sonnettes,
    poulies, tringles et anneaux pour rideaux, glands
    pour cordons, patères, etc.
Accessoires pour le chauffage et l'éclairage : pelles, pin-
    cettes, garde-feu, mouchettes, becs de gaz (sauf ren-
    voi à la classe IX).
Objets de cuisine : broches, grils, trépieds, crémaillères,
    tournebroches, etc. (sauf renvoi à la classe XI.)
Articles de sellerie et de carrosserie : mors, gourmettes,
    éperons, étriers, boucles, poignées de portières, etc.
    (sauf renvoi à la classe V).
Lits et siéges en métal, pleins ou creux, simples et méca-
    niques (sauf renvoi à la classe XXIV).
Articles divers.

7e *Section*. — Élaborations du Zinc.

Procédés de fusion, de réchauffage et de travail mécani-
    que, etc.
Objets de zinc fabriqués par moulage.
  Chevilles, clous et articles divers pour les constructions.
  Chandeliers, ustensiles divers et objets d'ornement.
Feuilles de zinc et autres produits du laminage.
Fils de zinc et autres produits du tirage et du treillage.
Procédés de mise en œuvre des feuilles et fils de zinc :
    soudage, etc.
Objets confectionnés avec les feuilles de zinc.
  Tuyaux, gouttières, seaux et ustensiles divers.
  Plaques découpées et estampées, et objets fabriqués avec
    ces plaques.
Objets fabriqués avec les fils de zinc, etc.
Objets divers : objets métalliques enduits de zinc, etc.

8ᵉ *Section*. — Elaborations du Plomb.

Procédés de fusion et d'élaboration mécanique.
Objets de plomb moulés par fusion : balles, plombs de
    douane, objets de fontainerie, jouets, etc.
Feuilles de plomb et autres produits du laminage.
Fils de plomb, tubes et autres produits fabriqués par le ti-
    rage, la compression, etc.
Procédés de mise en œuvre des feuilles, des tubes, etc.;
    soudage par les alliages fusibles ; soudage par le cha-
    lumeau à gaz.
Objets divers en plomb, récipients, doublures, etc.
Plombs de chasse.
Caractères d'imprimerie (sauf renvoi à la classe XXVI).
Objets divers : objets métalliques enduits de plomb, etc.

9ᵉ *Section*. — Elaborations de l'Etain et des Alliages blancs divers.

Procédés de fusion, de moulage, d'élaboration mécanique,
    de polissage, etc.
Ustensiles et objets d'étain pour les usages alimentaires :
    robinets, brocs, mesures de capacité, plats, gobelets,
    cuillers, fourchettes, etc.
Ustensiles et objets d'étain pour la médecine et les arts :
    serpentins d'alambics, feuilles minces, etc.
Ustensiles et objets divers en alliages blancs : théières,
    gobelets, plats, couverts, etc.
Alliages fusibles, d'étain, de plomb, de bismuth, etc., pour
    le soudage et autres applications.
Métaux étamés.
Miroirs de verre et de glace étamés (sauf renvoi à la classe
    XVIII).

10ᵉ *Section*. — Elaborations industrielles des Métaux précieux.

Industrie du platine.
    Procédés d'élaboration.
    Platine en éponge, forgé, laminé, tréfilé, etc.
    Appareils et ustensiles de platine.
    Objets fabriqués avec le palladium et autres produits ac-
        cessoires de la métallurgie de platine.
Fabrication des fils et des feuilles d'or et d'argent ou de
    faux, et des articles divers employés pour la passe-
    menterie, la broderie, la bijouterie de filigranes, etc.
Industrie des batteurs d'or.
    Procédés d'élaborations, trousses de baudruche, etc.
    Feuilles d'or battu de toutes nuances.
    Feuilles d'argent battu.
    Feuilles de faux.
    Poudres d'or, d'argent et de faux.
Dorure et argenture.
    Procédés de dorure et argenture au mercure.
    Procédés de dorure et argenture par l'électricité (sauf
        renvoi à la classe IX).
    Etamage des glaces à l'argent (sauf renvoi à la classe
        XVIII).

CLASSE XVII.

Orfèvrerie, Bijouterie, Industrie des Bronzes d'art.

1re *Section*. — Procédés de l'Orfèvrerie, de la Bijouterie, etc.

Préparation des alliages d'or, d'argent, de métaux divers : or jaune, or rouge, or vert, chrysocale, bronzes, etc.
Mise en œuvre par fusion et moulage, soudage, doublage, etc.
Mise en œuvre par martelage, repoussage, ciselure, etc.
Placage, damasquinage, incrustation, etc.
Polissage, mise au mat, mise en couleur, etc.
Application des nielles, des émaux, etc.
Montage des pierres précieuses, des strass, etc.
Procédés d'essai : systèmes de garantie, etc. (sauf renvoi à la classe Ire).

2e *Section*. — Taille et Gravure des pierres employées en bijouterie.

Procédé de taille, de gravure et de mise en œuvre.
Pierres taillées à facettes :
  Diamans, brillans, roses, etc.
  Pierres orientales : rubis, saphirs, rubis balais, etc.
  Emeraudes topazes, etc.
  Améthystes, grenats, etc.
Pierres taillées en cabochons, etc. : opales, turquoises, etc.
Petites pierres d'ornement et mosaïques (sauf renvoi à la classe XXIV), lapis, cornalines, jaspes, etc.
Pierres dures gravées et camées.
Perles, coraux et coquilles travaillées.

3e *Section*. — Orfèvrerie en métaux précieux.

Orfèvrerie ecclésiastique : ostensoirs, saint-ciboires, calices, patènes, burettes, croix, mîtres, crosses, anneaux, lampes, encensoirs, chandeliers, etc.
Orfèvrerie de décoration et de représentation ayant spécialement un caractère artistique : statuettes, vases, aiguières, candélabres, surtouts et services de table, etc., etc.
Orfèvrerie de table pour usages courants.
Orfèvrerie pour le service du thé, du café, etc.
Orfèvrerie pour usages divers : ustensiles de toilette, ustensiles de bureau, porte-crayons, tabatières, dés à coudre, etc.
Orfèvrerie pour les arts et la chimie : bassines, cornues, creusets, etc.

4e *Section*. — Orfèvrerie en métaux communs enduits ou plaqués de métaux précieux.

(Même énumération qu'à la 3e section.)
Plaques pour la photographie, etc.

5ᵉ *Section*. — Joaillerie et Bijouterie.

Haute joaillerie caractérisée par le travail artistique et l'emploi de pierres de grande valeur : couronnes, ordres, parures, bagues, épingles, médaillons, tabatières, etc.

Joaillerie de consommation caractérisée par la reproduction commerciale des modèles et l'emploi des pierres de toute sorte.

Bijouterie de haute fantaisie en métaux précieux unis ou émaillés, caractérisée par le travail artistique.

Bijouterie de consommation en métaux précieux unis ou émaillés, pleins ou creux, caractérisée par la reproduction commerciale des modèles : chaînes, bracelets, bagues, pendants d'oreilles, cachets, médaillons, etc.

Bijouterie de filigrane.

6ᵉ *Section*. — Joaillerie et Bijouterie d'imitation.

Objets de tous genres en métaux communs imitant les joyaux et les bijoux fins.

7ᵉ *Section*. — Bijouterie de matières diverses.

Bijoux de jayet, d'ambre, de corail et de nacre.
Bijoux de jais noir ou blanc.
Bijoux d'acier: chaînes, boucles, montures diverses, etc.
Bijoux de fonte : colliers, bracelets, médaillons, etc.
Objets damasquinés: lames et montures d'armes, etc.
Objets de piqué sur écaille, ivoire, etc.
Bijoux de cheveux.

8ᵉ *Section*. — Industrie des Bronzes d'art.

Statues et bas-reliefs de fonte, de zinc et de bronze, etc.

Bronzes de décoration ou d'ornement à patines diverses ou dorées : statuéttes et figurines, lustres, candélabres, chandeliers et bougeoirs, lampes, vases, serre-papiers ; pelles, pincettes et garde-feux, pendules, meubles et ornemens divers.

Imitations de Bronzes en fonte, en zinc, etc.

CLASSE XVIII.

Industries de la Verrerie et de la Céramique.

1re *Section*. — Procédés généraux de la Verrrerie et de la Céramique.

Extraction et préparation des matières premières.
  Quartz hyalin, matières siliceuses, chaux, alcalis et sels
    alcalins, oxydes de plomb, manganèses et autres ma-
    tières premières de la verrerie, brutes ou à divers de-
    grés de préparation.
  Kaolins, argiles de toutes sortes, magnésites, feldspaths,
    alquifoux, oxydes métalliques et autres matières pre-
    mières de la céramique ; pâtes et couvertes prépa-
    rées.
Fusion, soufflage, moulage, taille, etc., des verres et des
    cristaux.
  Fournaux, creusets, fours à recuire, etc.
  Cannes, soufflets, moules et objets divers à l'usage des
    verriers.
  Tours, forets, diamans, etc., pour la taille et les façons
    diverses du verre et du cristal; matériel pour l'appli-
    cation de l'acide fluorhydrique, matériel du souffleur
    émailleur, etc.
Façon, vernissage, cuisson, etc., des poteries de toutes
    sortes.
  Tours, moules et objets divers à l'usage des potiers.
  Fours, étuis, moufles et appareils divers pour la cuisson.
Peinture et application des enduits métalliques de déco-
    ration sur le verre et la poterie : couleurs, préparations
    diverses et matériel.
Procédés divers.
  Préparations et matériel pour l'étamage, l'argentage,
    etc., des glaces et miroirs de toutes formes.
  Préparations et matériel pour le montage, le raccom-
    modage, etc., des cristaux et des poteries, mastics,
    verres solubles, etc.

2e *Section*. — Verres à vitres et à glaces.

Vitres ordinaires fabriquées directement par rotation.
Vitres ordinaires soufflées en manchons et étendues.
Vitres incolores cannelées ou à reliefs divers.
Vitres incolores courbées ou bombées, cages de pendules,
    etc.
Vitres colorées dans la masse ou par doublage.
Glaces soufflées avec ou sans tain.
Glaces coulées ou obtenues par divers procédés brutes ou
    à divers degrés de poli, avec ou sans tain.
Disques et plaques de verre pour dalles, etc.
Vitres et glaces dépolies, taillées, gravées, etc., par procé-
    dés mécaniques ou chimiques.
Vitraux montés pour églises, etc. (sauf renvoi aux classes
    XIV et XXVI).

3ᵉ *Section*.— Verre à bouteilles et Verre de gobelet-
terie.

Bouteilles communes de toutes formes et de toutes gran-
deurs, jarres et autres objets en verre brun.
Gobletterie commune de verre vert, soufflé, moulé, etc.;
bouteilles, cruchons, verres à boire, fioles à médecine, etc.
Gobeletterie de verre blanc soufflé, moulé, taillé, etc.; ca-
rafes, verres àboire, burettes, salières, pots à confitures, etc.
Objets de verre vert, de verre blanc ou de verre coloré,
soufflés, taillés, moulés, pour les sciences, les arts, etc.
Tubes et baguettes.
Cornues, matras, flacons, cloches simples ou tubulées,
entonnoirs, vases à pied, jarres, etc.
Verres à quinquets, verres de montres, anneaux, verroteries, etc.
Objets façonnés de toutes sortes : flacons à bouchons ro-
dés, à étiquettes vitrifiées ; globes dépolis, etc.
Objets divers en verre dévitrifié, en verre noir, etc.

4ᵉ *Section*.—Cristal.

Gobeletterie de cristal incolore, soufflé, moulé, etc. ; ca-
rafes, verres à boire, etc.
Objets de cristal incolore, soufflé, moulé, etc., pour les
sciences et les arts, etc.; tubes, flacons, verres de montres, globes de lampes, chandeliers, bobèches, etc.
Gobeletterie et objets divers de cristal coloré dans la masse
ou par doublage, transparent ou opalin.
Gobeletterie et objets divers de cristal incolore ou coloré,
décoré par incrustation, par dorure, etc.
Cristaux taillés et gravés, incolores ou colorés dans la
masse, simples ou décorés, etc.
Cristaux doublés, taillés et gravés.
Cristaux montés : lustres, girandoles, candélabres, vases, etc.

5ᵉ *Section*. — Verres, Cristaux et Emaux divers pour
pièces d'optique, Objets d'ornement, etc.

Verres d'optique.
Verres terreux.
Verres à bases métalliques, de plomb, de zinc, etc.
Strass ; imitations de pierres précieuses, aventurines, etc.
Emaux de tous genres.
Verres filigranés, verres mosaïques, verres filés.
Verroteries d'ornement et perles unies ou taillées.
Objets façonnés à la lampe d'émailleur.
Petits appareils de physique et de chimie (sauf renvoi à
la classe VIII).
Perles soufflées, jouets, etc. (sauf renvoi à la classe XXV).
Yeux artificiels, etc. (sauf renvoi à la classe XII).
Mosaïques d'émaux (sauf renvoi aux classes XVII et
XXIV).
Tissus de verre (sauf renvoi à la classe XXI).

6ᵉ *Section*. — Poteries communes et Terres cuites.

Poteries crues : briques, jarres, fourneaux de pipes, etc.
Poteries réfractaires : briques et pièces de fourneaux,
fourneaux, creusets, têts, etc.
Poteries communes tendres, non vernissées.
Briques, tuiles, carreaux, briques en tuiles creuses,
tuyaux (sauf renvoi à la classe XIV).
Poteries diverses : jarres, pots de jardin, formes à su-
cre, etc.
Alcarazas, ou vases poreux, à rafraîchir.
Terres cuites pour l'ornement : vases, figurines, etc.
Poteries communes vernissées, brunes, vertes, etc. : tuiles
et briques, poteries diverses, terres cuites, etc.

7ᵉ *Section*. — Faïences.

Faïences communes et Poteries émaillées, brunes, blan-
ches, jaunes, etc.; unies ou grossièrement décorées.
Carreaux, pièces de poêle, de fourneau, de chemi-
née, etc.
Vases et ustensiles divers.
Pièces d'ornemens.
Faïences fines à couverte colorée, à lustre métallique, etc.;
vaisselle et pièces d'ornement.
Faïences fines à pâte incolore dites terres de pipe, faïences
dures, etc.
Vaisselle blanche, et objets divers sans décoration.
Vaisselle et objets décorés par la peinture, le transport
d'impressions, etc.
Biscuits de faïence : pipes et objets divers.

8ᵉ *Section*. — Poteries-grès.

Grès réfractaires : creusets, cornues, tubes, etc.
Grès communs mats ou vernissés sans décoration ou grossièrement décorés : jarres, terrines, cruches, cruchons à bière, tuyaux, etc.
Grès fins, blancs ou diversement colorés, mats ou vernissés, décorés par reliefs, lustres métalliques, etc.; vases, théières, tasses, etc.

9ᵉ *Section*. — Porcelaines.

Biscuit
Creusets, cornues, tubes et autres objets de consomma-
tion pour la chimie, les arts, etc.
Pièces d'ornement : Figurines, etc.
Porcelaines dures.
Capsules et autres objets pour la chimie, les arts, etc.
Vaisselle blanche, objets de mobilier, boutons, etc., sans
décoration.
Vaisselle et objets divers de consommation, décorés par
la dorure, la peinture ; les lustres métalliques, etc.
Porcelaine tendre.
Vaisselle blanche.
Vaisselle et objets divers de consommation, décorés par
la dorure, la peinture, les lustres métalliques, etc.
Porcelaines montées.

10e *Section.* — Objets de céramique et de verrerie ayant spécialement une valeur artistique (sauf renvoi aux classes XXVIII et XXIX).

Terres cuites : statues, bas-reliefs, figurines, etc,
Faïences émaillées : plats, pièces d'ornement.
Biscuits : statuettes, figurines, etc.
Porcelaines dures peintes : vases, services de table, médaillons, tableaux, etc.
Porcelaines tendres peintes : vases, services de table, médaillons, tableaux, etc.
Vitraux peints.
Emaux.

CLASSE XIX.

Industrie des Cotons.

1re *Section*. — Matériel de l'industrie des cotons (sauf renvoi aux classes VII et X).

Préparation : filage.
Ourdissage ; montage, tissage.
Grillage, blanchîment.
Teinture.
Impression.
Apprêt.
Procédés divers.

2e *Section*. — Cotons bruts, préparés et filés.

Cotons en laine (sauf renvoi à la classe III).
Cotons en nappes, en rubans, en boudins.
Ouates.
Fils simples on retors, blancs ou teints, pour le tissage, la
    passementerie, etc.
Fils simples ou retors, blancs ou teints, pour le travail au
    fuseau et la broderie.
Fils à coudre blancs ou teints.

3e *Section*. — Tissus de coton pur, uni.

Calicots ou tissus lisses.
    Calicots proprement dits.
    Madapolams et cretonnes
    Percales : percales plissées mécaniquement.
Guinées et autres toiles unies des Indes.
Canevas.
Toiles à voiles (sauf renvoi à la classe XIII).
Tissus croisés.
    Calicots croisés.
    Coutils et drills.
    Castors, peaux de taupe, satins et tissus épais : cuirs, etc.

4e *Section*. — Tissus de coton pur, façonnés.

Basins.
Piqués : piqués pour gilets.
Damassés.
    Damas.
    Brillantés.
    Autres tissus damassés pour le vêtement et l'ameuble-
        ment.
    Linge de table et de toilette ouvré et damassé.

5e *Section*. — Tissus de coton pur, pour usages spéciaux, tirés à poil, ete.

Couvertures et courtes-pointes.
Coutils, tutaines et tissus divers façonnés, pour literie.
Articles pour doublures, langes d'enfans, robes, etc.
Tissus divers lisses ou croisés, ras ou tirés à poil.

6e *Section*.—Tissus de coton purs, légers.

Jaconas, nansouks, batistes d'Ecosse, mouchoir de poche
ou de cou.
Mousselines, tarlatanes, organdis.
Gazes.
Tulles.
Mousselines et gazes brochées.
Mousselines et tulles brodés.

7e *Section*. — Tissus de coton pur, fabriqués avec des fils de couleur.

Cotonnades, guingamps, printanières.
Nankins de Chine et autres.
Madras, mouchoirs de poche ou de cou, cravates.
Toiles à matelas.
Coutils, satins et toiles pour tentures.
Etoffes à pantalon.
Toiles à carreaux des Indes.

8e *Section*. — Tissus de coton pur, imprimés.

Calicots, percales, croisés, piqués.
Jaconas, mousselines, mouchoirs, etc.

9e *Section*. — Velours de coton.

Velours unis ou façonnés, blancs, teints, imprimés ou
gaufrés.

10e *Section*. — Tissus de coton mélangé d'autres matières.

Etoffes à pantalon.
Etoffes diverses pour robes, jupons, tabliers ; siamoi-
ses, etc.
Mousselines laine et coton, ce dernier dominant, impri-
mées.
Toiles de ménage, etc.

11e *Section*. — Rubanerie de coton pur ou mélangé.

Rubans lisses, croisés, brochés ou damassés, blancs ou de
couleur.

CLASSE XX.

Industrie des Laines.

1re *Section.*— Matériel de l'industrie des laines (sauf renvoi aux classes VII et X).

Lavage à froid et à chaud.
Peignage à la main ou à la mécanique.
Préparations ; cardage.
Filage.
Conditionnement des laines brutes, peignées ou filées.
Ourdissage, montage, tissage.
Foulage, lainage.
Teinture.
Impression.
Apprêt, décatissage.
Procédés divers.

2e *Section.*— Laines, Poils et Crins bruts (sauf renvoi aux classes II et III).

Laines en masse.
  Laines en suint.
  Laines lavées à froid.
  Laines lavées à chaud.
Duvets et poils bruts.
  Duvets de cachemire.
  Poils de chèvre et de chevreau.
  Poils d'alpaga, de lama, de vigogne.
  Poils de chevron, de chameau, etc.
Crins bruts.

3e *Section.*— Laines, Poils et Crins préparés et teints.

Laines, poils et crins peignés à la main ou à la mécanique.
Laines et poils peignés-cardés.
Laines et poils cardés.
Déchets préparés : tontisses, lanice, bourres de tissage, corons, etc.
Laines, poils et crins teints.

4e *Section.*—Fils de laine ou de poils ; simples ou retors, écrus ou blanchis, teints en laine ou en échées, avec ou sans mélange de coton, de soie, de bourre de soie.

Fils de laine ou de poil peigné.
Fils de laine ou de poil peigné-cardé.
Fils de laine ou de poil cardé.
Fils de laine pour la broderie-tapisserie.

5° *Section*. — Tissus de laine, cardé, foulé.

Draps lisses.
Draps d'habits.
Draps de troupe.
Draps forts pour paletots, manteaux et pantalons.
Draps à poils et ratines pour cabans et autres vêtemens.
Draps zéphyrs, draps de dame et canelés.
Drap de billard, de table et autres pour l'impression, la fi-
  lature, la papeterie, etc.
Draps croisés.
Casimirs, zéphyrs croisés, satin.
Castors et autres draps croisés forts pour vêtemens d'hi-
  ver.
Tweeds et autres draps légers pour vêtemens d'été.
Draps façonnés.
Draperie de nouveauté pour l'hiver.
Draperie de nouveauté pour l'été.
Feutres de laine pour tapis, chapeaux, chaussons, tentes,
  couvertures, vêtemens, etc.
Flôtres.

**6e *Section*. — Tissus de laine cardée, non foulés ou
légèrement foulés.**

Napolitaines.
Flanelles de santé.
Flanelles, tartans et tartanelles pour manteaux, etc.
Molletons et espagnolettes.
Satins et casimirs.
Tissus divers.
Couvertures pour la literie, pour les chevaux, eté.

7° *Section*. — Tissus de laine peignée.

Etamines, burats et voiles, tamises, camelots.
Mousselines unies ou à carreaux.
Baréges et balzorines.
Cachemires d'Ecosse unis ou à carreaux.
Mérinos simples ou double chaînes; mérinos écossais.
Escots, blicourts, serges diverses.
Lastings et satins pour robes.
Stoffs, reps, grain de poudre et autres tissus pour robes.
Valencias et autres étoffes pour gilets.
Satins, damas, et autres tissus pour ameublement.
Pannes laine.
Rubans et galons de laine.

**8e *Section*. — Tissus de laine peignée ou cardée avec
mélange de coton ou de fil.**

Mousselines unies ou à carreaux.
Orléans, cobourgs, paramattas.
Cachemires d'Ecosse et mérinos, unis, rayés ou à carreaux.
Flanelles, tartans, étoffes à doublures.
Baréges et balzorines.
Stoffs et tissus divers pour robes.
Valencias, duvets et autres étoffes à gilets.
Lastings, circassiennes et étoffes à pantalons.

Damas et tissus pour ameublement.
Velours et frisés.
Pannes chaîne coton.

9e *Section*. — Tissus de laine peignée ou cardée avec mélange de soie, bourre de soie, coton, etc.

Alépines, bombasines, scialakys, barrepours.
Baréges, chalys, popelines, foulards.
Satins et serges.
Valencias.
Etoffes pour robes en laine peignée et soie, unies, brochées ou damassées.
Etoffes pour gilets : cachemires, duvets, satins, etc.
Damas, brocatelles, vénitiennes, satins, pour ameublement.

10e *Section*. — Tissus de laine peignée ou cardée, pure ou mélangée, imprimés.

Mousselines, cachemires d'Ecosse, mérinos, baréges, balzorines, chalys, serges, lastings, etc.
Napolitaines, flanelles, tartans, molletons, feutres, etc.

11e *Section*. — Tissus de poil pur ou mélangé.

Tissus de cachemire pur ou mélangé.
Tissus de poil de chèvre pur ou mélangé.
    Polemieton et autres camelots.
    Tissus divers pour vêtemens.
    Velours d'Utrecht.
    Pannes, pallas et peluches.
    Thibaudes et couvertures.
    Feutres pour tentes, tapis, coiffures, etc.
Tissus de poil d'alpaga ou de lama pur ou mélangé, teints ou imprimés.
Tissus de poils de vigogne, de chevron, de chameau, etc., purs ou mélangés.

12e *Section*. — Châles de laine.

Châles unis, tartans, damassés ou de nouveauté.
    Châles de mousseline-laine, mérinos, barége et autres tissus de laine peignée pure ou mélangée, blancs, teints ou imprimés.
    Châles de casimir, flanelle et autres tissus de laine cardée pure ou mélangée, blancs, peints ou imprimés.
    Châles tartans rayés, et plaids de laine pure ou mélangée.
    Châles damassés de laine peignée, avec ou sans mélange de soie, blancs ou teints.
Châles de laines brochés.
    Châles chaîne et broché laine.
    Châles indous, chaîne fantaisie, brochés en fantaisie, laine ou coton.
    Châles chaîne laine, brochés en laine, fantaisie ou coton.
    Châles kabyles.

13ᵉ *Section.* — Châles de cachemire.

Châles fabriqués au fuseau ou cachemires de l'Inde, faits
dans l'Inde ou en Europe.
Châles de cachemire brochés.
Châles tont en cachemire.
Châles en cachemire mélangé d'autres matières.
Châles imitant les cachemires de l'Inde.

14ᵉ *Section.* — Tissus de crin.

Tissus lâches pour tamis, etc.
Tissus serrés, lisses, croisés, façonnés, pour ameublement,
garnitures de vêtemens, etc.

CLASSE XXI.

Industrie des Soies.

1re Section. — Matériel de l'industrie de la soie (sauf renvoi aux classes VII et X).

Décreusage.
Préparation des fils de soie par tirage, moulinage, etc.
Travail de la bourre de soie.
Conditionnement, titrage.
Tissage.
Teinture et impression.
Apprêt.
Procédés divers.

2e Section. — Soies brutes et ouvrées.

Cocons (sauf renvoi aux classes II et III.)
Soies grèges.
Soies ouvrées.
Soies ouvrées en trame, organsin, poil, cordonnet.
Soies à coudre.
Soie pour broderie, passementerie, franges, etc.

3e Section. — Tissus de soie pure, unie.

Florences, marcelines, taffetas, lustrines, foulards, etc.
Gros de Naples, serges satins, etc.
Crêpes, gazes, tulles, etc.
Mouchoirs, cravates, écharpes, châles, etc.

4e Section. — Tissus de soie pure, façonnés, brochés et à dispositions.

Soiries pour robes, modes, gilets, parapluies et ombrelles, etc,
Mouchoirs, cravates, écharpes, châles, etc.

5e Section. — Velours et pluches.

Velours de soie pure, unie ou façonnés.
Velours de soie mélangés, unis ou façonnés.
Peluches de soie pure, unies ou façonnées.
Peluches de soie mélangée, unies ou façonnées.

6e Section. — Tissus pour meubles, tentures et ornemens d'église, etc.

Etoffes ou articles de soie pure.
Etoffes ou articles de soie mélangée d'or, d'argent, etc.

7e Section. — Tissus de soie mélangée d'or, d'argent, de coton, de laine, de lin, de fantaisie, où la soie domine.

Etoffes unies.
Etoffes façonnées, brochées, à dispositions.

8ᵉ *Section*. — Tissus de soie pure ou mélangée, imprimés ou chinés.

Foulards, taffetas, etc.
Gazes, tulles, crêpes, etc.

9ᵉ *Section*. — Tissus de bourre de soie pure ou mélangée.

Etoffes unies.
Couvertures.
Etoffes à dispositions, façonnés, brochées.
Etoffes imprimées.

10° *Section*. — Rubans de soie.

Rubans de soie pure, unis, façonnés, brochés, chinés ou imprimés.
Rubans de soie mélangée, où la soie domine, unis, façonnés, brochés, chinés ou imprimés.

CLASSE XXII.

Industrie des Lins et des Chanvres.

1re *Section*. — Matériel de l'industrie des Lins et des Chanvres (sauf renvoi aux classes VII et X).

Préparations : rouissage, teillage, peignage, etc.
Travail des filasses et des étoupes.
Filage.
Tissage.
Blanchîment.
Teinture et impression.
Apprêt.
Procédés divers.

2e *Section*. — Lins, Chanvres et autres Filamens végétaux bruts (sauf renvoi aux classes II et III).

Lins en tiges.
Chanvres en tiges.
Abaca ou chanvre de Manille.
Mâ ou china grass.
Jute.
Phormium tenax.
Pina ou fibres d'ananas.
Filamens de végétaux divers : asclépias, agave, bambou, corchorus, dolichos, palmier, raphia, etc.

3e *Section*. — Lins, Chanvres, etc., préparés.

Lins et chanvres rouis, teillés, sérancés.
Filasses obtenues par le rouissage à l'eau ou à la rosée, ou par d'autres procédés.
Lins et chanvres traités par des procédés spéciaux pour obtenir des matières semblables au coton ou à la soie.
Etoupes à l'état ordinaire ou préparées pour être mélangées à la laine.
Filasses peignées et étoupes cardées.
Filamens autres que le lin et le chanvre, préparés ou peignés.

4e *Section*. — Fils de lin, de chanvre et d'autres filamens.

Fils de lin ou de chanvre à la main.
Fils de mulquinerie.
Fils de lin ou de chanvre à la mécanique, filés à l'eau ou à secs, simples ou retors.
Fils de lin ou de chanvre blanchis, teints et lustrés.
Fils à coudre blancs ou teints.
China grass filé à la main ou à la mécanique.
Abaca, pina, etc., filés.
Ficelles, cordes et cordages (sauf renvoi à la classe XIII).

5ᵉ *Section*. — Toiles à voiles et grosses Toiles de lin et de chanvre.

Toiles à voiles.
Toiles pour sacs, bâches, enveloppes, tentes et fournitu-
res militaires.
Toiles de ménage communes.
Treillis, tapis de pied, sangles.
Tuyaux de conduite; seaux à incendie, etc.

6ᵉ *Section*. — Toiles fines et coutils.

Toiles pour chemises de draps, pour la table, la toilette et
le ménage, pour mouchoirs, etc.
Toiles destinées à certains marchés spéciaux : à l'Améri-
que du Sud, aux colonies, etc.
Toiles pour les peintres.
Toiles pour sarraux, doublures, etc.
Coutils, drills, satins pour pantalons.
Coutils et satins cambrés pour corsets.
Coutils et toiles rayés ou à carreaux, pour objets de lite-
rie ou tentures.
Rubans de fil.

7ᵉ *Section*. — Batistes.

Batistes et linons en pièces, écrus, blancs, teints ou imprimés.
Mouchoirs de batiste avec ou sans vignettes, etc.

8ᵉ *Section*. — Toiles ouvrées ou damassées.

Toiles ouvrées, à œil de perdrix, à damier, etc.; pour linge
de table ou de toilette.
Toiles damassées, à fleurs ou à personnages, pour linge ou
tapis de table.

9ᵉ *Section*. — Tissus de fil avec mélange de coton ou de soie.

Toiles mi-fil et mi-coton.
Toiles de ménage, chaîne fil, trame coton de couleur.
Etoffes à pantalon fil et coton.
Damassés fil et soie pour linge et tapis de table.
Rubans de fil et coton.

10ᵉ *Section*. — Tissus de filamens végétaux autres que le lin et le chanvre.

Tissus de mâ ou china grass.
Tissus d'abaca.
Tissus de pina.
Tissus de palmier, de raphia, de dolichos, de bambou, de
jute, d'agave, etc.

CLASSE XXIII.

Industries de la Bonneterie, des Tapis, de la Passementerie, de la Broderie et des Dentelles.

1ʳᵉ *Section.* —Tapis et tapisserie de haute et de basse lisse.

Matières premières et matériel de fabrication (sauf renvoi
  aux classes VII, X, et XIX à XXI).
Tapis et tapisseries pour usages courants.
  Tapis, moquettes, tapisseries, épinglés ou veloutés, de
    haute ou de basse lisse, pour les parquets, les meubles,
    les tentures et les portières.
Tapis et tapisseries de luxe ayant un caractère artistique.

2ᵉ *Section.* — Tapis de feutre, de drap et autres.

Tapis de feutre unis, peints ou imprimés.
Tapis de drap unis ou imprimés (sauf renvoi à la classe
  XX).
Tapis de tontisse et autres du même genre.
Tapis de soie ou de bourre de soie (sauf renvoi à la classe
  XXI).
Tapis de pelleterie (sauf renvoi à la classe XXIV).

3ᵉ *Section.* — Bonneterie.

Matières premières et matériel de la bonneterie.
Bonneterie de coton pur ou mélangé.
Bonneterie de laine ou de cachemire purs ou mélangés.
Bonneterie de soie ou de bourre de soie pure ou mélan-
  gée.
Bonneterie de fil pur ou mélangé.
  Bonnets, bas et chaussettes, chaussons, gants et mitai-
    nes, gilets, maillots, jupons, caleçons, camisoles, robes,
    paletots et jaquettes d'enfans, vestes, cravates, cache-
    nez, fez, tricot en pièces, etc.

4ᵉ *Section.* — Passementerie de soie, bourre de soie,
laine, poil de chèvre, crin, fil et coton.

Matières premières de la passementerie (sauf renvoi aux
  classes XIX à XXII).
Matériel de la fabrication : dévidage et doublage ; ourdissage.
  Travail à l'établi.
Travail au rouet, au chevalet, etc.; travail à la mécanique;
  tissage sur le métier à haute et basse lisse, à la Jacquard, à la barre ; tressage au boisseau ; cylindrage,
  râclage, etc.
Passementerie de nouveauté.
  Galons, ganses, boutons, etc., pour vêtemens et cha-
    peaux d'hommes.

Effilés, franges, agrémens, retors, cordelières, lacets,
soutaches, ganses, boutons, etc., pour vêtemens de
femmes.
Bretelles et jarretières tissées.
Passementerie d'ameublement, de voiture, de livrée.
Crêtes, lézardes, embrasses, glands, cordons de sonnette
et de tirage, frisés, câbles et torsades, franges, a-
grémens et galons, crépines et campanes, guipures,
cartisanes, retors, chenilles, etc.
Passementerie pour équipement militaire.
Epaulettes, galons, pompons, flammes, aigrettes, chenilles de casque, fourragères, dragonnes, glands, aiguillettes, torsades, cocardes, soutaches et ganses, etc.

5e *Section*. — Passementerie en fin et en faux.

Matières premières et matériel de fabrication.
Dentelles d'or ou d'argent.
Glands, torsades, galons, ganses, effilés, agrémens, ré-
seaux, cordons, franges, etc., pour le vêtement, l'a-
meublement, la livrée et la sellerie, faits en or, argent,
argent doré, cuivre doré.
Epaulettes, dragonnes, ceinturons, aiguillettes, galons,
soutaches, ganses, etc., pour l'équipement militaire,
faits en or, argent, argent doré, cuivre doré.

6e *Section*. — Broderie.

Broderie au plumetis, au point de feston, etc.
Broderie au passé.
Broderie au crochet.
Broderie-tapisserie et autres ouvrages à la main.

7e *Section*. — Dentelles.

Dentelles de fil ou de coton faites au fuseau.
Dentelles de fil ou de coton faites à l'aiguille ou à la méca-
nique.
Dentelles de soie ou de laine.

CLASSE XXIV.

Industries concernant l'Ameublement et la Décoration.

1re *Section.* — Objets de décoration, d'ornement ou d'ameublement, en pierres et matières pierreuses.

Matériel d'elaboration des matières pierreuses (sauf renvoi aux classes VI et XXVI).

Objets de décoration et d'ameublement en porphyre, granite et autres pierres dures.

Objets de décoration et d'ameublement en marbres, albâtres et autres pierres tendres : tablettes, chambranles de cheminées, ouvrages divers pour monumens funéraires, etc.

Mosaïques de pierre pour panneaux d'ornement, tablettes, etc.

Mosaïques d'émaux et d'autres matières minérales pour décoration.

Piédestaux, coupes, vases, statues et statuettes en pierres de toutes sortes (sauf renvoi à la classe XXVI).

Objets divers en pierres artificielles, stucs, etc.

2e *Section.* — Objets de décoration, d'ornement et d'ameublement en métal (sauf renvoi aux classes XVI et XVII).

Lits et siéges en fer.

Meubles de jardin.

Objets divers : jardinières, cages, etc.

3° *Section.* — Meubles et ouvrages d'ébénisterie d'usage courant.

Matériel des travaux d'ébénisterie (sauf renvoi à la classe VI).

Buflets, dressoirs, armoires, commodes, consoles, etc.

Bibliothèques, cartonniers, bureaux, secrétaires, etc.

Tables, gueridons, etc.

Toilettes, chiffonnières, étagères etc.

Bois de canapés, causeuses, divans, fauteuils, chaises, tabourets (nus ou garnis).

Bois de lits et meubles-lits.

Billards et accessoires.

Coffrs de piano (sauf renvoi à la classe XXVII).

Cadres pour miroirs, tableaux, dessins, etc.

Ouvrages divers d'ébénisterie pour décoration d'appartements, de cabines de navires, de voitures, etc. (sauf renvoi aux classes V, XIII et XIV).

4e *Section.*—Meubles de luxe et objets de décoration caractérisés par l'emploi des bois précieux, de l'ivoire, de l'écaille, le travail de sculpture ou d'incrustation, et l'addition d'ornemens de prix.

Meubles de toute sorte, encadremens et ouvrages de décoration en marqueterie de bois, d'ivoire, etc.

Meubles de toute sorte, encadremens et ouvrages de décoration incrustés de métaux, écaille, nacre, etc.

Meubles de toute sorte, encadremens et ouvrages de décoration avec panneaux de porcelaine peinte ou de mosaïque, ornemens de bronze, d'une valeur artistique, etc.

Meubles de toute sorte, encadremens et ouvrages de décoration en bois et autres matières sculptées tirant leur valeur du travail artistique.

5e *Section.* — Objets de décoration ou d'ameublement en bois, en matières moulées, etc., dorés, laqués, etc.

Matériel pour le moulage, l'application des vernis et de la dorure, etc. (sauf renvoi aux classes VI, X et XXVI).

Pâtes moulées et objets de décoration en plâtre, carton, pierre, gutta-percha, chanvre, etc.; corniches, frises, panneaux, bas-reliefs, cariatides, etc., bruts, enduits ou dorés.

Meubles, plateaux, et objets divers en papier-mâché ou autres compositions.

Baguettes et moulures pour cadres et décors; bâtons et galeries pour rideaux; patères, glands, etc., en bois uni ou sculpté, vernis, dorés ou recouverts de feuilles métalliques.

Cadres dorés pour tableaux, glaces, etc.

Meubles dorés : bois de siéges, consoles, etc.

Meubles et objets de décoration de laque : coffrets, tables, paravens, panneaux, etc.

Meubles et objets de décoration en imitation de laque : guéridons, bois de siéges, plateaux, etc.

6e *Section.* — Objets d'ameublement en roseaux, pailles, etc. ; Accessoires d'ameublement; Ustensiles de ménage.

Matériels divers pour la mise en œuvre des roseaux, de la paille, de la plume, du crin, etc.

Siéges, meubles de bambou, etc.

Siéges et autres meubles fabriqués ou garnis en ouvrage de vannerie ou de sparterie: siéges de canne, siéges de paille, fauteuils de rotin, etc.

Nattes, paillassons, cordons, etc., faits de tiges ou de fibres de végétaux.

Paniers et ouvrages divers de vannerie.

Balais et articles de grosse brosserie en général.

Plumeaux, etc.

Tamis, garde-manger, soufflets d'appartemens, chaufferettes, etc. (sauf renvoi aux classes IX et XI).

7e Section.—Ouvrages de tapissier.

Matériel de confection.
Systèmes de couchage et objets de literie : tapis, coussins,
sangles, sommiers élastiques, matelas, édredons, cou-
vertures, etc.
Siéges garnis, avec ou sans bois apparent : canapés, cau-
seuses, divans, banquettes, fauteuils, chaises, tabou-
rets, etc.
Baldaquins, rideaux et garnitures de lits, de toilettes, etc.
Portières et rideaux de fenêtres.
Stores montés.
Tentures faites d'étoffe et de tapisseries.

**8e Section.—Papiers peints, Tissus et Cuirs préparés
pour tentures, stores, cartonnages, reliures, etc.**

Matériel de la fabrication des papiers peints, à la main, à
la planche, au rouleau, etc., et de la préparation des
tissus et des cuirs pour cartonnages, reliures, tentu-
res, etc. (sauf renvoi aux classes VI, X et XXVI).
Papiers de tenture.
Papiers communs sans fond et papiers ordinaires mats.
Papiers imitant le bois, le marbre, etc.
Papiers glacés, moirés, veloutés, etc., unis rayés, da-
massés; avec fleurs coloriées; rehaussées d'or ou d'ar-
gent, etc.
Papiers imprimés au rouleau de cuivre.
Papiers à sujets dits artistiques.
Papiers pour cartonnage, reliure, etc.
Papiers mats, veinés, chagrinés, moirés, etc., unis, imi-
tant le bois, etc.
Papiers avec enduits métalliques d'or, d'argent ou de
faux.
Papiers pour cartonnage de luxe, mats, vernis, gaufrés.
unis ou à dessins, rehaussés d'or, d'argent, etc. (sauf
renvoi à la classe XXVI).
Papiers peints destinés à l'illustration d'ouvrages scientifi-
ques ou industriels.
Toiles et autres tissus chagrinés, moirés, etc., pour car-
tonnage et reliure.
Stores peints ou imprimés.
Cuirs de tenture, unis ou décorés, par gaufrage, etc.

**9e Section. — Peintures en décors, matériel des
Théâtres, des Fêtes et des Cérémonies.**

Peintures imitant le bois, le marbre, etc. (sauf renvoi aux
classes XIV et XXVI).
Peintures de décors à sujets, peintures d'enseignes (sauf
renvoi à la classe XXVI).
Peintures, appareils et systèmes de panoramas et diora-
mas, etc. (sauf renvoi à la classe XXVI).
Décorations et matériel de théâtre.
Matériel de décoration et d'illumination pour les fêtes et
cérémonies publiques.
Matériel et insignes à l'usage des corporations.

10ᵉ *Section.* — Meubles, ornemens et décors pour les Services religieux.

Autels, chaires, stalles et bancs, confessionnaux, buffets
d'orgue, etc.
Tentures et matériel de décoration.
Dais, bannières etc.
Images saintes, peintes, sculptées, etc.

CLASSE XXV.

Confection des articles de Vêtement; fabrication des objets de Mode et de Fantaisie.

1re *Section.* —Matériel et élémens de la confection des
Vêtemens; Boutons, etc.

Matériel employé dans la confection en général.
Boutons de métal.
    Boutons pour habits, gilets, costume de chasse, livrées,
      etc.; unis ou façonnés, massifs ou creux, avec ou sans
      appliques.
    Boutons d'uniformes civils et militaires.
    Boutons avec chaînettes : piastres, grelots, glands, etc.
    Boutons à quatre trous.
Boutons à l'aiguille.
Boutons de passementerie, au métier.
boutons d'étoffes.
    Boutons de soieries et de velours.
    Boutons de tissus de laine et de coton, purs ou mélangés.
    Boutons de toile et de calicot pour lingerie.
Boutons de fil faits à l'aiguille.
Boutons de carton dits de papier mâché.
Boutons de nacre : à queue, à trous, doubles pour chemises.
Boutons d'ivoire ; à queue et à trous, etc.
Boutons d'os, à quatre et à cinq trous.
Boutons de corne : à queue, unis ou façonné, à quatre
    trous, etc.
Boutons et moules de bois.
Boutons en porcelaine, dits d'agate et de strass (renvoi à
    la classs XVIII).
Objets divers fabriqués dans les ateliers de boutonnerie:
    médailles, etc.
Bandes de tissus avec œillets métalliques, et systèmes di-
    vers pour lacer, agrafer et fermer les vêtemens, les
    chaussures, les gants, etc.
Fils métalliqu s garnis pour monter et soutenir les vête-
    mens, la coiffure, etc.
Baleines, buscs, etc., garnis et montés pour vêtemens di-
    vers.
Elémens divers de confection.

2e *Section.*— Objets de lingerie ; Corsets, Bretelles et
Jarretières.

Lingerie confectionnée pour hommes (de toutes étoffes).
    Chemises, caleçons, gilets, ceintures, cols, cravates, etc.,
    unis ou brodés.
Lingerie confectionnée pour femmes (de toutes étoffes).
    Bonnets, chemises, jupons, peignoirs, pantalons, cols,
    collerettes, manches, etc., unis ou brodés.
Lingerie de table, de toilette, de bain, etc. : nappes, ser-
    viettes, peignoirs.
Corsets.

Buscs et dos mécaniques, systèmes de laçage et de dé-
laçage.
Corsets unis ou ornés.
Corsets tissés.
Corsets spéciaux, pour femmes enceintes, pour dévia-
tions de la taille, etc.
Bretelles et jarretières non tissées.

3e *Section.* — Habits et Vêtemens accessoires.

Systèmes et appareils pour prendre mesure, pour couper
et pour essayer l s habits d'hommes et de femmes; ma-
tériel spécial de confection, etc.
Habits d'hommes.
Jaquettes, blouses, sarraux, etc.
Cottes et culottes : pantalons, braies, chalvars, fusta-
nelles, etc.
Vestes : gilets, justaucorps, etc.
Habits : fracs, redingotes, kaftans, antéris, pôs, etc.
Surtouts : manteaux, capes, cabans, paletots, béniches,
pelisses, szurs, taïkoua, makoua, etc.
Robes de chambre, douillettes, etc.
Habits professionnels : simarres, soutanes, etc.
Uniformes militaires (sauf renvoi à la classe XII).
Habits de femmes.
Jupes, pantalons et tabliers.
Vestes et corsages : spencers, canezous, katsaves, kaf-
tanakis, etc.
Habits complets : robes, kaftans, etc.
Pardessus: manteaux, mantelets, féridgés, djubeys, etc.
Vêtemens accessoires d'hommes et de femmes.
Ceintures.
Ornemens de bras et de jambes.
Cols et cravates.
Voils, yachmaks, etc.
Écharpes, plaids, etc.
Habits et vêtements accessoires en pelleteries ou garnis
de fourrures.
Surtouts : choubas, touloupes, kodmonys, peaux de bi-
ques, etc.
Habits proprement dits : vestes fourrées, pelisses, vit-
cheuras, etc.
Accessoires de vêtemens : boas, manchons, palatines, etc.
Vêtemens de peaux et accessoires pour usages ordinaires
et pour usages spéciaux (équitation, escrime, pau-
me, etc.)
Vêtemens imperméables (sauf renvoi à la classe X).

4e *Section.* — Chaussures, Guêtres et Gants.

Matériel de la fabrication, à la main et à la mécanique.
Systèmes et appareils pour prendre mesure, etc, etc.
Chaussures d'hommes.
Chaussures de cuir : souliers, bottes, brodequins, ba-
bouches, mests, etc.
Chaussures d'étoffes : pantoufles, brodequins, etc.
Chaussures de femmes.
Chaussures de cuir et de peau : souliers, brodequins,
babouches, etc.

Chaussures d'étoffes : souliers, brodequins, mules, pantoufles, etc.
Socques, galoches, chaussures imperméables, etc.
Chaussures fourrées.
Chaussures et souliers de tresses, de sparterie, etc. : lapti, etc.
Chaussures de bois : sabots, sandales, etc.
Guêtres de cuir et d'étoffes, d'hommes et de femmes.
Gants d'hommes et de femmes.
    Gants de peau, de cuir, etc.
    Gants et mitaines d'étoffes, de tricot, etc. (sauf renvoi à la classe XXIII).

5e *Section*.—Chapeaux et Coiffures.

Systèmes et appareils pour prendre mesure de la tête ; matériel spécial de confection, etc.
Chapeaux bruts de feutre, de castor, de soie, etc.
Chapeaux bruts de paille, de sparterie, etc.
Coiffures confectionnées pour hommes.
    Chapeaux de toutes sortes.
    Chapeaux mécaniques.
    Casquettes.
    Bérets, calottes, fez, tarbouches, turbans, résilles, etc.
    Bonnets fourrés.
    Coiffures imperméables.
    Coiffures professionnelles.
    Coiffures d'uniforme (sauf renvoi à la classe XIII).
Coiffures confectionnées pour femmes.
    Chapeaux de paille, de sparterie, etc.
    Chapeaux d'étoffes, de feutre, etc.
    Calottes, fez, mouchoirs, serre-tête, résilles, etc.
    Coiffures de modes : chapeaux garnis, toques, bonnets montés, etc.

6e *Section*. — Ouvrages en cheveux ; parures en plumes et en perles ; Fleurs artificielles.

Ouvrages en cheveux pour coiffures.
    Elémens et matériel de la fabrication des postiches.
    Postiches pour hommes : perruques, toupets, etc.
    Postiches pour femmes : tours, nattes, perruques, etc.
Perruques et postiches en matières diverses : soie, etc.
Ouvrages divers en cheveux, crins, soie, etc.
Plumes.
    Panaches, plumets, aigrettes, etc., pour chapeaux d'uniforme.
    Plumes blanches et teintes, aigrettes, marabouts, oiseaux de paradis, etc., pour coiffures de femmes et d'hommes.
    Plumes d'ornement.
Perles et coraux : résilles, colliers, bracelets, etc.
Fleurs artificielles.
    Elémens et matériel de la fabrication des fleurs artificielles : feuilles, boutons, calices, etc.
    Fleurs pour la décoration : en plumes, en papiers, en tissus, en moelle, en cire, etc.
    Fleurs pour la parure, en tissus et autres matières.
    Fleurs pour les études de botanique.
    Fruits de cire, de verre, de pâte, etc.

7e *Section*. — Objets confectionnés ou brodés à l'aiguille, au crochet.

Bourses et sacs.
Pelotes et sachets.
Tapis de guéridons et housses de fauteuils.
Ouvrages en perles d'acier ou de verre.
Ouvrages divers de tapisserie.
Ouvrages divers à l'aiguille, au crochet, etc.

8e *Section*. — Eventails, Ecrans, Parasols, Parapluies, Cannes.

Eventails plians.
    Montures de toutes matières : pleines, découpées, sculptées ou gravées.
    Feuilles de tout genre lithographiées, gravées ou peintes.
    Eventails montés.
Ecrans à main.
    Ecrans de plumes, de feuilles de palmier, etc.
    Ecrans de papier, de carton ou de bois, avec ou sans peintures, gravures ou applications.
    Ecrans de tissus ou sans broderies, peintures ou applications.
Ecrans à longs manches, en plumes ou en feuilles de palmier, etc.
Parasols et parapluies.
    Systèmes et mécanisme pour ouvrir, fermer et monter, etc., les parasols et parapluies.
    Montures de parasol et de parapluie : baleines, fourchettes, noix, coulans, bouts, fermoirs, etc.
    Parasols et ombrelles de tout genre, droits ou brisés.
    Parapluies de tout genre.
Cannes de tout genre.

9e *Section*. — Tabatières et Pipes. Peignes et Brosses fines, petits objets de Tabletterie en bois, en ivoire, en écaille, etc.

Tabatières.
    Tabatières de prix en écaille, en ivoire, en bois, etc.
    Tabatières de carton ou de bois verni, unies, guillochées, peintes, etc.
    Tabatières en bois, en corne, etc.
    Flacons à spatule, boîtes à râpe, etc., remplaçant les tabatières.
Pipes.
    Pipes de terre (sauf renvoi à la classe XVIII).
    Pipes allemandes et autres de même genre : bouquins d'ambre jaune, d'écume de mer, de corne, de bois, etc.; tuyaux garnis ou non ; fourneaux d'écume de mer unie ou sculptée, de porcelaine, etc., montés ou non.
    Pipes longues des Orientaux : bouquins d'ambre jaune, de verre, d'ivoire, de corne, de métal, de corail, etc., tuyaux de cerisier, de jasmin, de bambou, de jonc, de roseaux, etc., fourneaux d'argile, de terre cuite, de métal, etc.

Pipes à eau : narguilés des Ottomans ; kaliouns des Per-
sans, houkas des Hindous ; choui-yinn des Chinois, etc.
Peignes.
Peignes à dents écartées pour démêler les cheveux, en
ivoire, en écaille, en corne, en caoutchouc, en bois, etc.
Peignes à dents serrées faits à la mécanique ou à la
main, en ivoire, en écaille, en buis, etc.
Peignes divers, à crêper, à bandeaux, à moustaches, etc.
Peignes à chignon, en écaille, en corne, etc.
Brosses fines.
Brosses de toilette montées sur ivoire, os, corne, bois ;
brosses à tête, à dents, à ongles, à peignes, etc.; blai-
reaux pour la Barbe.
Brosses à habits et à chapeaux ; brosses de chiendent.
Brosses de table, etc.
Brosses à frictions.
Petite tabletterie.
Objets tournés : billes de billard, chapelets, porte-plu-
mes, jeux d'échecs et de dames, jetons, anneaux, boî-
tes rondes, manches et poignées, etc.
Objets guillochés.
Objets sculptés : crucifix, statuettes, vases, manches de
cachets, jeux d'échecs, poignées de cannes et de parapluies, etc.
Objets divers.
Couteaux à papier, jeux de domino, touches de clavier,
dès, porte-cartes de visite, carnets de bal, porte-mon-
naie, porte-montre, couverts à salade, bonbonnières,
hochets, etc.

10ᵉ Section. — Petits meubles, Coffrets, Nécessaires,
Encriers ; Objets de fantaisie confectionnés ou décorés avec l'ivoire, l'écaille, les bois, les pierres,
les métaux, etc.

Nécessaires de voyage avec leurs garnitures, pour la toi-
lette ou le bureau.
Caves à liqueurs, avec leurs cristaux.
Boîtes à parfums.
Boîtes à thé, à bétel, à gants, à ouvrage, à jeux, etc.
Articles de bureau divers : sébilles, boîtes à pains à ca-
cheter, pèse-lettres, serre-papiers, buvards, etc.
Pupitres et boîtes dites papeteries, garnis ou non.
Encriers de tout genre : de bureau, portatifs, etc.
Coffrets à bijoux, sculptés, incrustés ou marquetés, en fer,
bronze, nacre, etc.
Boîtes diverses de laque, de marqueterie, de carton verni,
de papier mâché, de bois peint, de mosaïque de
bois, etc.
Petits meubles de fantaisie : tables à ouvrage, bureaux de
dame, jardinières et étagères avec ou sans pieds, etc.

11ᵉ Section. — Objets de Gaînerie et de Maroquinerie,
de Cartonnage, de Vannerie et de Sparterie fine.

Gaînerie et maroquinerie.
Nécessaires de voyage avec les garnitures, pour la toilette ou le bureau.

Pupitres et grands portefeuilles garnis d'articles de
bureau.
Portefeuilles de poche, carnets, buvard, albums.
Porte-monnaie, porte-cigares.
Nécessaires de dames.
Trousses avec garnitures de nécessaires de voyage ;
trousses pour les médecins, chirurgiens, etc.
Ecrins pour bijoux et orfévrerie.
Coffres et boîtes faits ou recouverts de cuir ou de peau.
Papiers façonnés et cartonnages :
Papiers-dentelles.
Petites images de sainteté.
Abat-jour, lanternes de papier ou de gaze.
Papiers à lettres façonnés ; enveloppes de lettres.
Cartes de visite et d'adresses, en blanc.
Cadres pour miroiterie commune.
Boîtes de bimbeloterie ; petites boîtes pour la bijouterie,
la pharmacie, les allumettes, etc.
Cartonnages de bureau, de magasin et autres de même
genre.
Boîtes et coffrets de carton pour gants, mouchoirs, bi-
joux, jeux, etc.
Boîtes pour fruits confits et bonbons ; sacs et enveloppes
de bonbons.
Vannerie et sparterie fine.
Corbeilles et paniers de fantaisie, clissages fins, etc.
Petites nattes pour dessous de lampes, etc.
Porte-cigares, sacs et cabas en sparterie fines, en
paille, etc.

**12e Section. — Objets de Bimbeloterie ; Poupées et
Jouets ; Figures de cire et Figurines ; Jeux de toute
espèce.**

Articles de bimbeloterie commune en bois, en carton, en
papier, etc.
Jouets de bois, de carton, de papier : voitures, chevaux,
animaux, petits meubles, châlets, masques, grotes-
ques, cerfs-volans, jeux de patience, cerceaux, etc.
Jouets de métal, de porcelaine, etc. : ménages, soldats de
plomb, etc.
Jouets militaires : tambours, fusils, sabres, arcs, flèches, etc.
Jouets mécaniques : lanternes magiques, petits panora-
mas, kaléidoscopes, etc.
Jouets divers : balles et ballons, raquettes et volans, etc.
Poupées de cire, de carton ou de peau, nues ou habillées.
Poupées de bois, articulées ou non, nues ou habillées.
Spécialités pour poupées : bustes, corps, yeux, cheveux,
lingerie et vêtemens, gants, chaussures, fleurs, etc.
Trousseaux et layettes.
Figures de cire pour chapelles, spectacles forains, montres
de coiffeurs, etc. Bustes de cire pour poupées, etc.
Bustes et têtes de bois ou de carton pour coiffeurs, modis-
tes, couturières.
Figurines de cire, de bois, de pâte, de terre, habillées ou
non, représentant les costumes des divers peuples.
Jeux et divertissemens de toute espèce.

CLASSE XXVI.

Dessin et Plastique appliqués à l'industrie, imprimerie en caractères et en taille douce, Photograpie, etc.

1re *Section.*—Ecriture, Dessin et Peinture.

Matériel et instrumens pour l'écriture : papiers réglés, plumes de toutes sortes, encre, etc. (sauf renvoi aux classes VIII, X, XV et XVI).

Matériel et insrumens pour les travaux graphiques ; planches à dessiner, règles et équerres, compas tire-lignes, etc. (sauf renvoi aux classes VIII et X).

Matériel et instrumens pour le dessin, le lavis et la peinture en général (sauf renvoi aux classes X et XXV).

Matériels et appareils pour applications diverses de la physique, de la chimie et de la mécanique à l'écriture et au dessin : papiers à décalquer, lettres découpées, presses à copier, chambres noires, chambres claires, pantographes, etc. (sauf renvoi aux classes VIII et X).

Ouvrages de calligraphie.

Ecritures reproduites ou réduites, par la presse à copier, par le pantographe, etc.

Dessins scientifiques et techniques, de précision et d'imitation.

Dessins linéaires et lavis.

Dessins géographiques, topographiques, hydrographiques, etc.

Dessins du génie civil, militaire et naval.

Dessins de mécanique.

Dessins d'histoire naturelle.

Dessins industriels, d'imitation et de fantaisie.

Dessins d'ornement en général.

Dessins de décoration, d'ameublement, de carrosserie, etc.

Dessins de tissus, de châles et tapis.

Dessins pour l'impression.

Dessins de broderies, d'éventails, de vignettes, de tapisseries et d'ouvrages à la main.

Dessins de modes, broderies, etc.

Dessins de tous genres obtenus, reproduits ou réduits par procédés mécaniques, etc.

Peintures de décors (sauf renvoi à la classe XXV).

2e *Section.* — Lithographie, Autographie et Gravure sur pierre.

Peintures de panorama, de diorama, etc. (sauf renvoi à la classe XXIV).

Pierres lithographiques préparées, pierres artificielles.

Crayons et encres lithographiques, préparations diverses et matériel pour le dessin, la gravure, les retouches, les transports, l'autographie (sauf renvoi aux classes VIII et X).

Matériel pour le tirage en noir et en couleur (sauf renvoi
    aux classes VI et X).
Matériel pour l'emploi des procédés lithographiques sur
    planches de zinc, etc. (sauf renvoi aux classes VI et X).
Epreuves autographiques.
Textes lithographiés : cartes de visite, etc.
Lithographies techniques de précision et d'imitation, en
    noir et en couleur.
Lithographies industrielles d'imitation et de fantaisie, en
    noir et en couleur.
Lithographies artistiques en noir et en couleur (présentées
    comme spécimens de fabrication).
Gravures sur pierre de toutes sortes.

3e *Section.* — Gravure sur métal et sur bois.

Planches de cuivre, d'acier, d'étain, de zinc, de bois, pré-
    parées pour la gravure (sauf renvoi aux classes XV et
    XVI).
Matériel, instrumens et préparations pour la gravure à
    l'eau forte, en taille douce, à l'aqua-tinta, etc. (sauf
    renvoi aux classes X et XV).
Matériel et instrumens pour la gravure en relief sur bois,
    sur cuivre, etc. (sauf renvoi aux classes X et XV).
Appareils pour exécuter les dessins guillochés, les hachu-
    res, les moirés, les traductions de reliefs par hachu-
    res, etc. (sauf renvoi aux classes VI et VIII).
Matériel et instrumens pour la gravure de la musique.
Matériel pour la reproduction galvano-plastique des plan-
    ches gravées (renvoi à la classe IX).
Matériel pour l'impression en noir et en couleur sur tou-
    tes espèces de matières (sauf renvoi aux classes VI
    et X).
Musique gravée.
Gravures en lettres : cartes de visite, etc.
Gravures de précision :
    Papiers quadrillés, papiers de sûreté, etc.
    Figures de géométrie, d'architecture, de mécanique, etc.
    Cartes géographiques, plans topographiques, etc.
    Figures d'histoire naturelle.
    Billets de banque, papiers-monnaies, titres d'actions in-
    dustrielles, etc.
Gravures industrielles d'imitation et de fantaisie :
    Gravures d'ornement, d'ameublement, de carrosse-
    rie, etc.
    Gravures de broderie, de tapisserie, etc.
    Gravures de modes, etc.
    Cartes à jouer et images communes.
    Cartes et papiers à vignettes et images fines.
Estampes ou gravures artistiques en noir et en couleur; à
    l'eau forte, en taille douce, à l'aqua-tinta présentées
    comme spécimens de fabrication).
Estampes ou gravures artistiques obtenues avec planches
    gravées en relief (présentées comme spécimens de fa-
    brication.)

4e *Section*.— Photographie.

Objectifs, chambres noires, microscopes et autres appareils
optiques pour la photographie (sauf renvoi à la classe
VIII).

Matériel de la photographie sur argent : plaques ; produits et appareils pour préparer les plaques et les ren-
dre sensibles, pour développer les images par la vapeur de mercure et pour les fixer (sauf renvoi aux
classes X et XVII).

Matériel de la photographie sur papier et sur verre : produits et appareils pour préparer les papiers et les enduits transparens sensibles, pour développer et fixer
les images négatives et positives (sauf renvoi à la
classe X).

Daguerréotypes portatifs.

Matériel et procédés de la gravure photographique sur
métaux, sur pierre, etc,

Epreuves pour objets scientifiques *et* techniques.

Epreuves artistiques sur plaques : monumens, paysages,
portraits, etc.

Epreuves artistiques sur papier négatives et positives.

Epreuves artistiques sur verre et enduits transparens.

Epreuves cylindriques, épreuves doubles pour stéréosco-
pes, etc.

Epreuves sur papier et sur plaques retouchées, coloriées, etc.

Gravures photographiques.

Matériel et produits des essais de photographie chroma-
tique.

Objets divers relatifs à la photographie et à ses applications.

5e *Section*.—Stéréotomie et Plastique.

Matériel et instrumens pour l'exécution des mandrins destinés au moulage, des solides géométriques, etc.
(sauf renvoi aux classes VI et XVI).

Matériel et instrumens pour le modelage de l'argile, de la
cire, etc.

Matériel et instrumens, appareils de mise au point, etc.,
pour la sculpture de la pierre, du marbre, du bois,
des métaux, etc. (sauf renvoi à la classe XV).

Matériel et instrumens pour la gravure en creux, en relief, des pierres dures, du verre, des coquilles, des
métaux ; pour le repoussage des métaux, etc. (sauf
renvoi aux classes XV, XVI et XVII).

Appareils et instrumens pour la sculpture et la gravure
mécaniques (sauf renvoi aux classes VII et VIII).

Objet de stéréotomie ou de plastique, pour usages techniques et scientifiques, de précision ou d'imitation.

Modèles de topographie, cartes en relief.

Imitation de pièces anatomiques, membres artificiels,
etc. (sauf renvoi à la classe XII).

Objets et modèles de toutes sortes : formes pour les
chaussures, les gants, etc.

Objets de plastique industrielle, d'imitation et de fantaisie.

Maquettes de toutes sortes, pour figures, ornemens, etc.

Objets sculptés en bois, en ivoire (sauf renvoi aux classes XXIV et XXV).

Camées, cachets et objets divers décorés par la gravure, en pierres dures, en métaux, etc. (sauf renvoi à la classe XVII).

Objets en métal repoussé (sauf renvoi à la classe XVII).

Objets de plastique industrielle et artistique obtenus par procédés de sculptures et de gravures mécaniques : copies et réduction de statues, etc.

Objets de plastique et mécanique.

Mannequins pour le dessin, automates, etc.

6° section. — Moulage et Estampage.

Matériel et instrumens pour la façon des moules en plâtre, en gélatine, etc., et pour le moulage des objets en plâtre, en soufre, en cire, etc.

Matériel et instrumens pour le moulage des métaux, des pâtes céramiques et du verre (sauf renvoi aux classes du V° groupe).

Matériel et instrumens pour l'exécution directe, ou par contre-épreuve des moules, des matrices, des poinçons, des planches, des cylindres et des roulettes métalliques, et pour le moulage par compression, l'estampage, le découpage, l'impression des métaux, des bois, du carton, du papier, des tissus, etc. (sauf renvoi aux classes du V° groupe).

Matériel de galvanoplastie (renvoi à la classe IX).

Objets moulés en plâtre et composition diverses pour usages techniques et scientifiques ou pour l'enseignement (sauf renvoi à la classe VIII.)

Statues, bas-reliefs, ornemens en plâtre moulé (présentés comme produits de fabrication).

Objets moulés, d'imitation ou de fantaisie, en carton, en cire, en compositions diverses, simples ou décorés par la peinture (sauf renvoi aux classes XXIV et XXV).

Clichés et objets moulés en métal, en terre cuite, en biscuit, en verre (renvoi aux classes du V° groupe).

Feuilles de cartons, de papiers, de tissus enduits etc. ; découpées, estampées, timbrées, etc. : papiers à lettres façonnés, etc. (sauf renvoi à la classe XXV).

Objets en bois, en corne, en écaille, en compositions diverses, moulés par compression, etc. (sauf renvoi à la classe XXV).

Objets divers en métaux estampés, découpés, etc. (renvoi aux classes I, XVI et XVII).

7° Section.—Imprimerie.

Matériel et appareils de la fonderie en caractères (sauf renvoi à la classe XVI).

Caractères et vignettes mobiles, stéréotypes de toutes sortes pour texte, musique, etc.

Matériel et appareils pour la composition et la correction des épreuves, le tirage des caractères, etc. (sauf renvoi à la classe VI).

Matériels et appareils pour l'application de l'encre, le tirage, etc. (sauf renvoi à la classe VI.)

Matériel et appareils pour le brochage.

Timbres pour usages administratifs, commerciaux, etc.
Impressions sur papier collé pour registres, carnets, bro-
chures à corriger, etc.
Affiches, almanachs et ouvrages de typographie commu-
ne, avec ou sans figures intercalées dans le texte.
Journaux.
Ouvrages et brochures ordinaires en texte simple, dans
toutes les langues.
Ouvrages et brochures avec figures intercalées dans le
texte.
Ouvrages de luxe avec ou sans figures intercalées dans le
texte.
Produits typographiques polychromes.
Produits divers de l'imprimerie.

8e *Section.* — Reliure.

Matériel et appareils pour la reliure en papier, en toile,
en parchemin, en peau, etc
Registres, albums et carnets pour usages courans.
Reliures mobiles, étuis, etc.
Reliures ordinaires pour usages courants.
Reliures de luxe.

CLASSE XXVII.

Fabrication d'instrumens de Musique.

1re *Section.* — Instrumens à vent non métalliques, en bois, en corne, en ivoire, en os, en coquillages, en cuir, etc.

Instrumens à embouchure simple : flûtes de Pan, flûtes droites à trous, fifres et flûtes traversières, avec ou sans clefs, etc.
Instrumens à bec de sifflet : sifflets, flûtes à bec, flageolets, avec ou sans clefs, etc.
Instrumens pour lesquels les lèvres font fonction d'anches : conques et cornets, serpens à trous, avec ou sans clefs, etc.
Instrumens à anches : chalumeaux et cornets, hauts-bois, bassons, clarinottes.
Instrumens à anches, à réservoirs d'air : cornemuses, musettes, binious, pibroches, etc.

2e *Section.* — Instrumens à vent métalliques.

Instrumens simples : cornets, clairons, trompettes, trompes, cors de chasse, etc.
Instrumens à rallonges, à coulisses, à pistons ou à cylindres : cors d'harmonie, trombones et autres instrumens à coulisses, cors d'harmonie et cornets à pistons, trombones à pistons, etc.
Instrumens à clefs : trompettes et clairons, ophicléides, etc.

3e *Section.* — Instrumens à vent, à clavier.

Grandes orgues d'église.
Orgues ordinaires.
Orgues expressives, à anches libres.
Instrumens à anches portatifs, accordéons, harmoniums, mélophones, etc.

4e *Section.* — Instrumens à cordes sans clavier.

Instrumens éoliens.
Instrumens à cordes pincées : lyres, petites harpes et autres instrumens à sons fixes, harpes à pédales, guitares, luths, mandolines, balalaïkas, guzlas, etc.
Instrumens à cordes, avec archet : instrumens primitifs, pochettes, etc. ; violons, altos, violes, etc. ; violoncelles, contre-basses, etc.
Instrumens divers : tympanons et autres instrumens à percussion.

5e *Section.* — Instrumens à cordes, à clavier.

Instrumens à percussion : pianos de toutes sortes.
Instrumens divers : épinettes, clavecins, vielles, etc.

6ᵉ *Section*. — Instrumens divers à percussion ou à frottement.

Instrumens à peaux vibrantes : tambours de basques et tambourins, tambours et grosses caisses, timbales, etc.
Instrumens de bois, de pierre, de verre, etc.: castagnettes, harmonicas à percussion, à frottement, etc.
Instrumens métalliques : triangles et castagnettes, cymbales et tamtams ; cloches, timbres, grelots, chapeaux chinois, etc.; diapazons et instrumens divers à verges et plaques vibrantes, etc.

7ᵉ *Section*.—Instrumens automatiques.

Orgues de Barbarie.
Serinettes et instrumens analogues.
Boîtes à musique.
Carillons.

8ᵉ *Section*.—Fabrications élémentaires et accessoires.

Pièces détachées d'instrumens de toute nature.
Cordes à boyaux.
Cordes métalliques.
Métronome, application de la mécanique, à la musique, etc.
Pupitres et objets de matériel pour l'exécution ou l'enseignement de la musique, etc.
Instrumens divers ayant pour objet de modifier la voix humaine ou d'imiter la voix des animaux, sauf renvoi à la classe II.)

II DIVISION. — Œuvres d'art.

CLASSE XXVIII.

Peinture, Gravure et Lithographie.

1re *Section* — Dessin et Peinture.

Cartons au fusain et esquisses.
Dessins à la plume, à la mine de plomb, à la pierre noire,
  à l'estompe, au pastel.
Lavis et peintures à l'encre de Chine, à la sépia, à l'aqua-
  relle, à la gouache.
Miniatures.
Peintures à l'huile, à la cire, etc.
Peintures à fresque, à la détrempe, etc.
Peintures sur verre et sur porcelaine, émaux.

2e *Section*.—Lithographie.

Lithographies en noir, au crayon ou au pinceau.
Chromo-lithographies.

3e *Section*. — Gravures.

Gravures à l'eau forte, à l'aqua-tinta, à la manière noire,
  à la pointe sèche, en taille douce, à grande taille.
Gravures sur bois et autres du même genre.
Essais de gravures polychromes.

CLASSE XXIX.

Sculpture et Gravure en Médailles.

1re *Section*. — Sculpture en ronde-bosse et en bas-
relief.

Œuvres plastiques, en cire, etc.
Sculptures en bois, en ivoire, etc.
Sculptures en pierre, en marbre, etc.
Sculptures en plâtre, etc.
Sculptures en biscuit, en terre cuite, etc.
Sculptures en bronze, en fonte, etc.
Œuvres repoussées et ciselées.

2e *Section*. — Gravure en relief et en creux.

Modèles et moules en cire, en plâtre, en soufre, etc.
Camées et pierres gravées.
Médailles ou clichés.
Nielles.

CLASSE XXX.

Architecture.

1re *Section.*—Etudes.

Etudes de détail et fragmens.
Représentations d'édifices existans.
Restaurations d'après des ruines ou des documens.

2e *Section.*—Projets.

Projets d'edifices de toute sorte.

Paris. — Imp. SCHILLER aîné, faubourg Montmartre, 11.